KB070885

7 엄마표
영어,
주★안에
완성합니다

학원보다 더 빠르게 영어 말문이 터지는
★★★★ 초단기속성 명강의 ★★★★

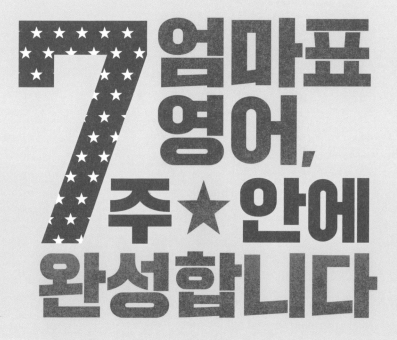

7 엄마표
영어,
주 ★ 안에
완성합니다

누리보듬(한진희) 지음

청림Life

처음 엄마표 영어에
도전하는 엄마들에게

아들 반디(우리 아이를 이 책에서는 '반디'라고 부르겠다)를 따라 호주에서 살고 있었던 2015년 2월, 아이 교육에 있어 평범하지 않은 선택들을 정리하며 블로그에 글을 풀어놓기 시작했다. 바라보는 방향이 같아서였을까? 남겨놓은 글에 깊은 관심을 가지고 자주 찾는 이웃들이 늘어갔다. 2년 동안 막막함, 때로는 절실함이 느껴지는 댓글에 답을 하면서 온라인으로 소통했지만, 글만 전하는 이야기는 물리적인 거리만큼이나 한계가 있었다.

산만한 블로그 글을 읽어야 했던 이웃들은 더욱 답답함을 느꼈나보다. 전체 흐름을 기승전결로 볼 수 있도록 책으로 출판해달라는 요청이 빈번해졌다. 책을 염두하고 시작한 글이었다면 나중을 위해 혹은 호기심 유발을 위해 조금은 감추고 요약하며 글을 쓰고 포스팅을 했을지도 모르겠다. 하지만 그 어떤 조건 없이 활짝 열어놓은 블로그에 시작부터 끝까지 자세하게 남겨놓았는데 책으로 복제하는 것이 의미가 있을까 자신이 없었다.

논의와 고민 끝에 2018년 2월, 여러 사람이 마음을 합쳐 긴 시간 애쓴 결과 『엄마표 영어 이제 시작합니다』가 출간되었다. 예상치 못했던 기대 이상의 반응은 오프라인 강연으로 이어졌다. 가라고 하니 가야만 할 것 같고, 갈 수밖에 없다 생각하니 가면서도 그 언저리에서 서성이는 이들을 만난 기분이다. 누구나 몰려가는 길에 대한 저항과 갈등으로 고민하면서 '부모'로 살아가고 있는 이들이다. 작금의 교육 현실을 저항 없이, 깊은 고민 없이 순응하고 타협하기 쉽지 않은 이들이 대안을 찾아 헤매다 머문 발걸음인 것이다.

강연을 마칠 즈음이면 시작할 때와 달리 눈빛들이 뜨거워 쉽게 자리를 뜰 수 없었다. 외롭고 두렵고 험한 길이란 걸 알게 되었지만 가고 싶은 절실함이 보였다. 이미 가고 있다면 잘 가고 있다는 확신을 얻고 싶어서, 가다가 주저앉은 경험이 있다면 옳다고 믿는 그 길을 다시 시작할 수 있는 용기를 얻고 싶어서, 시작해도 좋을 시기라 믿어지면 그것만으로도 감사하면서 나에게 수많은 질문을 쏟아내는 엄마들. 그들을 저버리고 돌아서기가 쉽지 않았다. 여의치 않은 상황에도 불구하고 배고픔을 참아가면서 뒤풀이에 마음을 쏟았다. 던져놓은 돌멩이와 그로 인한 파문의 크기가 무거웠기 때문이다.

아무리 시간을 연장해 질문을 받아도 엄마표 영어의 시작부터 완성까지 8년의 이야기를 1회성 만남으로 만족할 만큼 풀어낼 수는 없었다. 타지방에서 만난 분들은 장거리도 마다하지 않고 대전 도서관 연속 강연을 매주 찾아오셨다. 그 걸음 또한 무겁게 다가온다. 『엄마표 영어 이제 시작합니다』를 읽으면 될 텐데, 그 모든 글의 근간이 되는 보다 자세한 글도 블로그에 그대로 남아 있는데, 말려도 듣지 않았다.

첫 책이 출간되기 1년 전인 2017년 3월부터 도서관의 '휴먼북(도서관에 와서 책을 빌리는 것이 아니라 특정 사람의 삶의 지혜를 공유하는 프로그램) 프로젝트'를 시작으로 엄마표 영어가 궁금한 엄마들에게 강연을 하고 있다. 이름하여 '엄마표 영어 7주 연속 강연'이다. 추가적으로 원서 공부가 진행되면 기간은 더 늘어난다. 『엄마표 영어 이제 시작합니다』는 학년별 또는 단계별 실천을 들여다볼 수 있는 구성이지만, 7주 강연은 책과는 다르게 진행했다. 놓쳐서는 안 되는 핵심 키워드를 주제로 잡고, 내가 반디와 8년 동안 실천했던 엄마표 영어의 흐름을 시작부터 끝까지 따라가는 구성이었다. 강연 시간이 길어서 첫 책에 미처 담지 못한 소소한 이야기까지 나눌 수 있었다. 첫 사전 모임 이후 이어지는 매주 주제는 이랬다.

- 1주 차 : 언제, 얼마나? 장기계획 세우기
- 2주 차 : 하루 1시간, 책(원서)으로 집중듣기
- 3주 차 : 하루 2시간, 영상으로 흘려듣기
- 4주 차 : 아웃풋을 위한 첫 시도
- 5주 차 : 쓰기, 말하기 실력을 높여주는 다양한 방법들

- 6주 차 : 책으로 그려보는 엄마표 영어 로드맵
- 7주 차 : 엄마표 영어의 꽃, 뉴베리 수상작 & 고전문학

　매주 강연을 마친 뒤, 주제와 관련된 핵심 내용을 블로그에 남겼다. 그 또한 강연 내용 중 일부에 지나지 않으니 깊이 관심을 가지고 있다면 궁금증과 아쉬움만 커지는 것 같았다. 몇몇 이웃들이 연속 강연 내용 전체를 대전 이외에서 만날 수 있는 방법을 고민하고 의견을 주셨다. SNS와 친하지 못했던 내가 겨우 인스타그램 계정을 만들었는데, '라방(라이브 방송)'을 했으면 좋겠다 한다. 유튜브 채널을 만들어 개인 방송을 했으면 좋겠다고도 한다. 팟캐스트도 추천해주신다. 무슨 말인 줄은 알지만 내가 할 수 있는 영역은 아니었다.

　그나마 익숙한 방법을 찾았다. 7주 연속 강연 내용 전부를 책으로 남기려 한다. 강연장에서도 막상 말로 전하려다 보니 놓친 것들이 많아 아쉬움이 있었다. 이미 7주 강연 전체를 들었던 분들도 두 번, 세 번을 들으러 수개월이 지나 다시 찾아오고는 했다. 막연한 상태에서 짧게 핵심을 노트한 것만으로는 긴 시간, 무수히 나타나는 변수에 대처하기 힘들기 때문이란다. 처음 들었을 때와 짧게라도 직접 경험해보고 듣는 것은 보이고 들리는 것이 다르기 때문이란다. 타지방에 있어서 강연에 참여하지 못하는 분들만 강연 내용이 필요한 것은 아니었다. 그런 연유로 제대로 이 길을 가고 싶은 이들이 때때로 부딪치는 시행착오를 바로잡아가는 데 길동무 삼아도 좋을 구체적인 내용을 할 수 있는 한 자세히 풀어보기로 했다.

어정쩡하게 흘려 보내면 다시는 돌아오지 않는 초등 6년의 시간. 8년 동안 엄마표 영어를 지속하여 결국 영어 해방을 맛본 반디를 보니, 엄마표 영어는 결코 쉽지 않은 길이었지만 결국 아이에게는 옳은 길이었다는 확신이 든다. 또한 나만의 확신이 누군가에게 긍정적인 힘으로 퍼지고, 반디 이상으로 발전하는 엄마와 아이들이 하나둘 늘어가고 있다. 이것은 엄마표 영어가 옳은 길이라는 확신을 더욱 강하게 만들어주었다.

요즘 들어 더욱 블로그, SNS 등을 통한 독자들과의 소통이 활발해졌다. 또한 전국 오프라인 강연의 기회도 많아졌다. 엄마표 영어에 조심스럽게 첫발을 내딛는 엄마들에게 확신을 주고 용기를 주고 싶은 내 마음도 커져만 갔다. 그들에게 누구보다도 적극적인 안내자가 되고 싶어, '엄마표 영어 7주 연속 강연'을 묶어 이 책을 세상에 내놓는다. 앞으로도 여러분의 엄마표 영어 전력 질주를 지속적으로 지켜보며 응원할 것이다. 그리고 많은 분들이 이 길에 확신을 가질 때까지 최선을 다해볼 작정이다.

누리보듬 한진희

3주 차 : 하루 2시간, 영상으로 흘려듣기

4주 차 : 아웃풋을 위한 첫 시도

5주 차 : 쓰기, 말하기 실력을 높여주는 다양한 방법들

6주 차 : 책으로 그려보는 엄마표 영어 로드맵

7주 차 : 엄마표 영어의 꽃, 뉴베리 수상작 & 고전문학 읽기

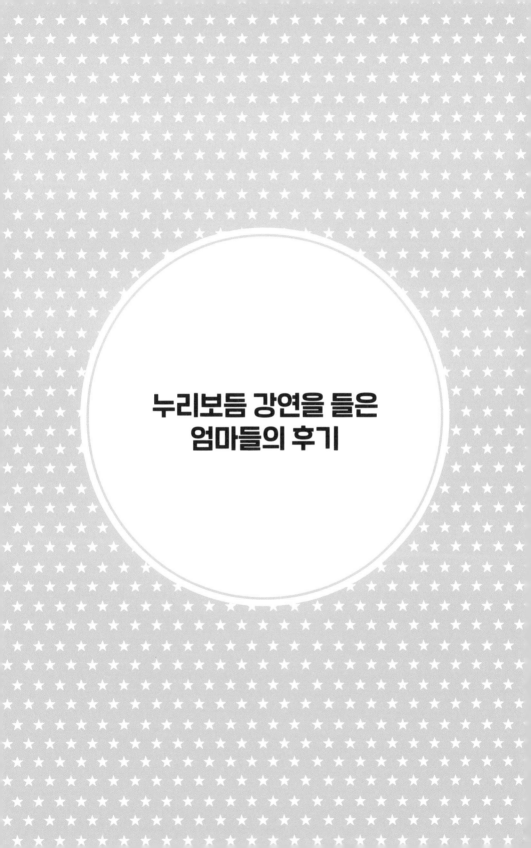

누리보듬 강연을 들은
엄마들의 후기

• 영어 실력, 아이와의 유대감을 동시에 키웠어요

_초등 2학년 딸을 둔 엄마(엄마표 영어 2년 차)

동네의 제법 큰 국영수 학원에서 아이들에게 수학을 가르칠 때의 일이다. 당시 학원의 아이들은 많게는 매일, 적어도 주 2회 이상은 수업을 받도록 스케줄이 짜여 있었다. 이중 몇몇 아이들의 숙제를 보면, 수업 횟수에 상관없이 언제나 부모님의 채점 표시가 있었다. 학원에 채점 교사가 따로 있음에도 불구하고. 그러다 보니 아무리 더딘 학습 능력을 가진 아이라도 평균 속도를 유지하는 데 그리 많은 시간이 걸리지 않았다.

'엄마표 영어'에 대한 관심은 바로 이 부분에서 시작되었다. 아이의 영어교육에 내 생각과 부합하는 방향을 잡기가 어려워서 여기저기 기웃거리며 헤매게 되었다. 직접 가르쳐야 한다는 부분 앞에서는 눈을 감고 고개를 돌릴 수밖에 없었다. 체벌이 허용되던 중학교 시절, 일주일에 한 번 100개 단어 시험에서 틀린 수대로 허벅지를 맞았던 기억이 떠오르며 빽빽이, 깜지를 바탕으로 한 영어교육은 하고 싶지 않았다.

2017년 봄, 엄마표 영어에 관심 있는 나에게 친구가 연락을 했다. 자녀 교육, 특히 영어교육에 대한 자신의 경험을 도서관에서 나눠주는 블로거가 있다는 것이다. 1회성도 아닌 강의, 게다가 무료였다. 당시에 다양한 엄마표 강의에 참여하기 위해 서울까지 원정을 다녔던 나였다. 가지 않을 이유가 없었다. 엄마표 영어에 큰 관심 없던 그 친구 역시 지방에서 엄마표 영어의 완성을 보신 분이 궁금하다 했다. 우리는 봄날 소풍같은 가벼운 마음으로 유성도서관을 찾았다. 역사가 느껴지는 도서관의 작은 문화사랑방에는 10여 명의 엄마들이 모여 있었다. 정확한 시간에 시작된 강의는 누리보듬 선생님의 꼼꼼한 준비와 함께 열정이 녹아져 있었다. 전문 강사가 아니지만 작은 것 하나에도 정성을 다하는 모습에서 자신만의 전문성이 드러났다. 이내 내 마음은 요동치기 시작했다.

세 시간의 영어 노출 그게 과연 가능할까? 퇴근하면 6시인데 부담스러운 부분이다. 선생님은 목표 설정 후 아이를 설득하고 매일의 노력이 아이의 선택이 될 수 있도록 해야 한다고 하셨다. 이 또한 쉽지 않은 부분이다. 아니 이 대목이 가장 큰 숙제였다. 매주 엄마표 영어의 방법을 소개해주셨지만 그 모든 것이 아이와 부모간의 신의가 바탕이었다. 과연 그 신의가 나와 아이에게 있을까? 엄마표 영어에 대한 큰 그림을 그리기 전 엄마로서의 반성이 시작되었다. 2살 터울의 동생이 있는 아이에게 일하는 엄마라는 핑계로, 가정교육이라는 이름으로 강제성을 띤 육아를 했었다. 함께 있지만 방치한 육아의 모습이었다.

마음이 조급해졌다. 세 시간 노출보다 나의 양육 태도 변화와 아이와의 신뢰 만들기가 시급했다. 아이가 엄마를 사랑하는 것과 신뢰하는 것은 다른 문제였다. 아이와 함께하는 시간이 필요했다. 당시 큰아이는 7세였다. 강의 후, 하반기부터 흘려듣기를 시작하며 집중듣기는 6개월 후 초등학교에 입학하면서 시작하는 것으로 계획했다. 그 6개월 동안 일하는 엄마로서 놓친 아이와의 관계에 집중했고, 한글책 읽기에 몰입했다. 외동이라 여기며 아이의 말에 더 귀 기울이고, 더 눈을 맞추려 노력했다. 스킨십을 좋아하지 않는 아이라 여겼는데 아니었다. 동생을 돌보며 일하는 엄마에게 선뜻 오지 못했다는 것을 그제야 알 수 있었다. 이렇게 내 아이도 잘 모르는데 아이와 어떻게 엄마표 영어를 한단 말인가? 아이의 신뢰를 얻는 시간이 쌓이면서 오히려 흘려듣기 두 시간은 어려움이 없었다.

선생님 강의를 듣기 전 우리 집에는 텔레비전, 패드, 노트북이 없었다. 또한 아이 손에 핸드폰을 쥐어주는 일도 드물었다. 다만 영상이 필요하면 유튜브 어린이 방송을 볼 수 있도록 한 것이 전부였다. 노출에 있어 소극적 선택을 하고 있는 모양새였다. 선생님의 기본 강의와 확장 모임까지 3개월을 참여하면서 위에 나열한 가전기기를 집에 들였다. 그러자 자신감 넘치는 노출이 시작되었다. 봇물처럼 터진 노출은 아이들에게 행복의 시간이었다. 그렇게 시작된 흘려듣기는 지금도 영화, 시리즈를 불문하고 다양하게 이루어지고 있다.

그렇게 취학 전에는 가볍게 영상을 통한 흘려듣기를 진행하고 본격적으로 문자와 함께하는 집중듣기는 여덟 살이 되면서 시작했다. 리틀팍스 영상을 보며 진행하는 집중듣기를 1-2-3-3-4단계로 진행했다. 3단계를 두 번했던 이유는 가까이에서 지켜보며 텍스트를 짚는 아이의 흔들리는 손을 보니 한 번 더 다져야 한다고 생각했기 때문이다. 5단계를 보며 "언니들이 보는 거."라고 표현하기에 부담스러워 할 것 같아 영상 집중듣기는 4단계까지만 진행했다. 그후 프린트로 1-2-3-4단계 복습 진행 후 『Usborne Young Reading』 1단계를 권했다. 명작동화 중심의 이야기와 비문학이 포함된 내용이어서 나쁘지 않다 생각했는데 아이가 재미있어 하지 않았다. 엄마는 재미까지도 얻기를 바랐으나 집중듣기로서의 역할만을 담당한 것 같다. 리틀팍스 5단계 AR수준의 책으로 더 보강하고 싶은 마음에 여러 챕터북를 기웃거렸다. 시작은 낮은 단계의 『Froggy』 챕터북을 선택했는데 싱글싱글 웃으며 잘 보았다. 그 후 잠깐 맛을 보여준 『Magic tree House』나 『Nate the Great』는 이해하기 어려워서인지 정적인 내용이 불만인지 판단하기 힘든 모습을 보여주었다.

다시 리틀팍스 5단계의 영상으로 모종의 협의하에 집중듣기를 시작하게 되었다. 안정된 모습으로 집중듣기를 하는 아이의 모습에서 아이의 성향을 알아차릴 수 있었다. 핑크와 공주, 그리고 코미디 포인트를 좋아하는 아이에게 리틀팍스 5단계는 부담이었구나 싶었다. 그래서 5단계 단편을 빼고 프린트로 아이가 흥미 있어 하는 이야기만으로 진행 중이다. 모든 내용을 집중듣기 했으면 싶은 바람은 있지만, 아이가 거부한다면 『The Tiara Club』, 『Rainbow Magic』 등 아이가 빠져줄 만한 내용의 챕터북을 준비 중이기에 걱정은 없다. 선생님께서 강조하시는 엄마의 책 공부 덕분에 아이와의 밀당에서 승기를 잡아 계획했던 진행의 적절한 수정과 보완이 가능했다.

7세 전에는 아이가 책을 통해 스스로 한글을 깨쳤으면 하는 바람에 별도로 한글 교육을 하지 않았다. 그래서 한글 습득이 조금 늦어서 초2가 된 지금, 맞춤법이나 띄어쓰기가 완벽하지는 않지만 걱정은 하지 않는다. 우리 아이가 느린 아이라는 것을 엄마표 영어를 하기 전에도 알고 있었고 진행 중에도 느끼고 있기 때문이다. 영어뿐만 아니라 그 무엇도 우리 아이만의 속도가 필요한 것이다. 지금은 그것을 찾아가고 있는 것만으로도 충분하다고 생각한다. 다른 사람의 속도를 쫓아가는 것이 아니라 우리만의 속도를 찾아 꾸준할 수 있어야 하니까.

1년 동안 누리보듬 엄마표 영어를 진행하면서 느낀 가장 중요한 포인트는 엄마의 목표 아래 다져진 의지와 아이와의 유대감이 중요하다는 것이다. 아이와 왜 이렇게 진행해야 하는지 자주 이야기를 나누고 있다. 그리고 언젠가 가까이에 와 있을 영어 해방에 대한 이야기도 나누고 있다. 아이가 2학년이 되면서 같은 반 유명 어학원 다니는 친구의 영어 실력에 조금은 불편한 마음을 가지게 되었나 보다. 리틀팍스를 집에서 열심히 하고 있으니까 이제는 리틀팍스 학원을 가야하지 않냐고 묻기도 한다. 그럴 때 나는 싱긋 웃음으로 이야기해준다. 영어도 한국어도 책을 많이 읽고 이야기를 함께 많이 나눠야 되는 거라고. 아직 우리가 영어로 대화를 나누지는 못하지만 꾸준히 영어책을 읽어나가다 보면 언젠가 하고 싶은 모든 이야기를 영어로 나눌 수 있을 만큼 너도 자라고 너의 영어 생각도 성장할 수 있다고.

• 18개월 만에 학원보다 더 확실한 아웃풋을 맛보다!

_초등 3학년 아들을 둔 엄마(엄마표 영어 3년 차)

큰아이는 사내아이 특유의 넘치는 에너지를 발산하기 위해 고삐 풀린 망아지처럼 여기저기를 뛰어다니고 놀이터 모래 놀이를 하며 유아기를 보냈다. 큰아이가 5세 되던 해에 둘째를 출산하고 7세에 셋째를 출산하게 되었다. 아이에게 주변의 동갑내기 친구들이 한다는 학습 방법들을 적용하기에는 엄마가 출산과 육아에 너무 지쳐 있었다. 7세 여름에 엄마와 한글 익히기를 가볍게 하고, 많은 초등학생들이 입학 전에 영어교육을 시작한다는 지인들의 이야기에 막연하게 파닉스라도 해야 하나 생각이 들었지만 셋째 출산, 육아와 맞물리면서 파닉스는커녕 한글을 조금 더 익히는 것에 만족하면서 입학을 준비하게 되었다.

아이가 초등학교에 입학한 2017년 3월 초, 친구로부터 한 통의 메시지를 받았다. 평소 네이버 포스팅을 눈여겨보던 블로거가 너희 집 근처 도서관에서 엄마들을 위한 강의를 시작하니 시간되면 가보라는 내용이었다. 메시지와 함께 전송된 URL에 접속하면서 무슨 이야기를 하려나 궁금했지만 지금의 내 고민과 기대에 미치지 못하는 동네 엄마들 수다 같은 이야기를 하지 않겠냐는 생각이 먼저였다. URL을 따라가 보니 홈스쿨을 하신 분이 재능기부 형식으로 엄마표 영어에 대한 경험담을 나누어 주는 프로그램이었다. 어쩌면 노하우보다는 "나는 우리 아이와 이만큼 했다."라는 자랑을 듣고 올 수도 있겠구나 싶었다. 그렇다 하더라도 복잡한 고민에 작게라도 도움이 될 수도 있지 않을까 해서 큰아이는 학교, 작은아이는 어린이집에 보낸 후, 막내의 유모차를 끌고 유성도서관 강의실로 들어섰다. 그렇게 시작된 도서관 강의를 7주 동안, 매주 화요일마다 참석하게 되었고 누리보듬 선생님의 엄마표 영어 '사서 고생 프로젝트'를 준비하게 되었다.

본격적인 시작은 2017년 초등 1학년 5월이었다. 먼저 아이가 해야 하는 일로 받아들일 수 있도록 지금 생각하면 조금은 억지스러운 말로 아이를 구슬리고 설득해서 해보겠다는 답을 들었다. 영어 동화 사이트 리틀 팍스에서 1단계를 보기 시작했는데 두 동생들이 태어나면서 온전한 엄마의 사랑이 그리웠던 것일까? 큰아이는 엄마와 함께하는 시간을 무척 즐거워했다. 다양한 음성 연기가 돋보이는 영어 동화 사이트 또한 재미있어했다. 습관이 되기까지 힘들어했던 것은 한 시간을 꼬박 채우는 일이었다. 칭찬도 하고 간식도 쥐어주면서 격려하고, 왜 이렇게 해야 하는지도 지속적으로 이야기해주고, 간혹 폭탄급 잔소리도 해야 했다.

두 달쯤 진행하다가, 우리의 실천을 기록하면 좋을 것 같다는 생각이 들었다. 7월 중순부터 수첩에 간단하게 집중듣기는 어떤 스토리를 몇 편 보아서 60분이 되었고, 흘려듣기는 어떤 영화를 보아서 90분 이상 또는 두 시간이 되었는지 등을 기록하기 시작했다. 뿐만 아니라 그날의 아이 상태나 진행하는 동안의 특별한 행동이나 태도도 기록했다. 시간이 지나 매일의 기록이 쌓이니 정확하게 보이는 것이 있었다. 어느 정도 진행했을 때 어느 수준의 단어를 읽게 되는지, 어느 영상의 이야기나 캐릭터를 어떻게 따라 하게 되는지 아이의 성장을 확인할 수 있었다. 집중도가 약해지는 시기에는 어떠한 방법으로 다시 아이의 집중도를 키울지 고민했던 엄마의 노력도 엿보게 되었다. 이 기록은 훗날 둘째와 셋째 때도 같은 방법으로 엄마표 영어를 진행하면서 참고할 마음으로 작성하기 시작했는데, 아이의 성장과 엄마의 노력이 담긴 소중한 기록이라는 것이 느껴졌다. 엄마표를 진행하는 분이라면 처음부터 기록해보기를 추천하고 싶다.

하교 후 가능하면 쉬는 시간을 짧게 가진 뒤 늦어도 오후 1시 30분이나 2시경에는 집중듣기를 시작했다. 둘째는 어린이집에 있고 셋째는 낮잠을 자는 시간이어서 엄마가 아이 옆에서 함께하기 가장 수월한 시간이었다. 8월생 셋째가 첫돌이 지나면서부터는 낮잠 시간이 바뀌는 바람에 첫째의 집중듣기 시간에 완전한 방해꾼이 되기 시작했다. 오롯이 곁을 지켜줄 수 없어 아이 혼자 진행하는 시간이 늘었지만 아이도 그 상황을 받아들여 크게 흐트러지지 않았다. 그렇다 하더라도 가능하면 셋째를 옆구리에 끼고 틈틈이 옆을 지키려는 엄마의 노력이 필요했다.

흘려듣기 진행에 초반에는 큰아이의 영어 수준에 맞는 영상을 보여주려 했으나 너무 어린애들이 보는 것이라 재미없다고 거부하기도 하고, 디즈니 고전영화들은 화질이 나쁘다면서 거부하는 등 어려움이 있었다. 3개월 정도부터 넷플릭스 도움을 받았다. 많은 영상이 확보되어 있어서 흘려듣기를 위한 영상을 찾는 수고로움을 덜어주었다. 아이가 흥미로워하는 영상을 선택하니 거부감도 줄어들었다. 애니메이션으로 된 영화, 시리즈, 시트콤 등 아이가 관심 있는 영상을 선택할 수 있는 폭이 커서 아직까지는 넷플릭스를 적극 활용하고 있다. 초반에는 어떠한 영상을 골라도 원하는 대로 해주다가 주 1~2회 정도는 엄마가 선택한 영화나 영상을 보도록 권했다. 매일 엄마 마음대로 선택하는 것이 아니고 본인이 고르는 날이 더 많으니 아이도 나름 수긍을 하고 잘 따라와 주었다. 엄마표 영어를 시작하고 7개월이 지나자 사이트 워드sight word 가 들리고 읽을 수 있게 되면서 흘려듣기 시간에 본인의 수준에 맞는 영상을 골라 보기 시작했다. 그 전에는 귀보다는 눈으로 보는 즐거움에 끌려서 영상을 고르고 보고 들었다면 귀가 열리기 시작하면서 스토리를 조금이라도 알아들을 수 있으니 화려한 영상보다 본인이 듣기 편한 영상을 보는구나 싶었다

엄마표 영어를 시작하고 1년간의 워밍업을 마치고 2018년 5월 6일에 큰아이는 『Nate the Great』 시리즈로 챕터북에 진입했다. 이제 챕터북이니 하루에 한 권쯤 보면 되려나 했던 막연한 생각은 음원을 보는 순간 와장창 부서졌다. 하루에 4권씩 24권의 책이 6일이면 끝나는 스케줄이었다. 레벨이 낮은 단계의 챕터북은 집중듣기를 매일 한 시간 채우면 일주일이 안 되어 한 시리즈가 끝났다. 도서관에서 누리보듬 선생님이 왜 2~3년치 계획을 미리 세워놓아야 한다고 강조했는지 실천해보니 알게 되었다. 영어 동화 사이트가 안정적으로 진행되었을 즈음에 2년 차에 필요한 챕터북을 확보해두지 않았다면 꾸준히 진행하기 힘들었겠다는 생각이 들었다. 계획 없이 무작정 덤벼들었다가 매체가 확보되지 않아 막막해하면서 다른 길이 없나 헤매고 있을지도 모를 일이었다.

2년 차 중반쯤 되자 더 이상은 엄마가 옆에 나란히 앉아서 아이의 듣기 능력을 따라갈 수 없음을 인지하게 되었다. 아이에게 네가 엄마보다 훨씬 잘 듣고 이해하고 있으니 앞으로는 영화든 책이든 듣고 엄마에게 이야기 해달라고 말하고 독립을 시작했다. 2학년 여름방학부터는 요란하게 떠드는 동생들의 방해를 피해 혼자 방으로 들어가 듣기를 하는 날도 종종 생겼다. 집중듣기를 하면서 음원 소리와 같이 웃고 놀라는 등 다양한 반응을 자연스럽게 보이기 시작했다. 별 다름없이 진행하던 2학년 2학기에 지인을 통해 얼마 전에 전국 중고등학교 듣기 평가가 시행되었음을 알게 되었다. 2018년 9월의 집중듣기를 마친 어느 날 "이거 한 번 해볼까?" 하니 해보겠다는 아이의 대답에 20분을 앉아서 중1 듣기평가를 해보았다. 결과는 100점이었다. 너무 훌륭하다고 칭찬을 해주고는 틈틈이 4월, 9월 듣기평가를 학년을 올려가면서 도전해보았다. 고1 듣기평가까지 진행했는데 많이 틀려야 두 개였다. 학교 시험과 연관된 영어듣기평가의 속도와 형태는 도무지 신선함을 찾아볼 수 없었지만 아이의 듣기 능력을 확인할 수 있는 기회였다. 이것을 계기로 그해 겨울방학쯤 계획했던 영어학원 레벨테스트 도전 시기를 앞당겼다.

2년 차 10월 말, 유명 어학원 레벨테스트에 도전했다. 처음 경험해보는 영어학원의 분위기에 놀라 긴장을 감출 수 없었다. 일단 원생들에게 대여해준다는 수많은 원서에 깜짝 놀랐고 레벨테스트를 보러 왔다는 말에 강사로 보이는 분이 아이에게 쏟아내는 원어에 놀랐다. 테스트 결과 아이의 리딩 레벨이 2.5~2.8임이 확인되었다. 2년 차에 목표로 했던 리딩 레벨 2.0 이상에 도달했기에 우리만의 엄마표 영어가 아이의 레벨에 맞게 잘 진행되고 있음에 안심이 되었다. 레벨테스트 후 상기된 아이의 얼굴을 보듬어주면서 잘했다고 칭찬해주고 또 칭찬해주고 주말에 선물까지 안겨주었다. 엄마표 영어 18개월 만에 아이의 원서 독해력이 제 학년의 사고에 맞게 안정적으로 진입한 것을 누리보듬 선생님께 감사드리면서 기쁜 소식을 전하기도 했었다. 테스트를 다녀온 후 아이에게 작은 변화가 생겼다. 잠시였지만 학원에서 선생님과 나눈 영어 대화는 영어 말하기 자신감으로 이어져 한동안 집에서 짧은 영어로 이야기하기를 즐겼다. 제대로 된 아웃풋은 아니지만 엄마표 영어의 효과를 입증하게 된 것에 감사하면서 이 방법이 어떠한 사교육보다 좋다는 맹신을 가지게 되었고 계획한 엄마표 영어 스케줄도 탄력을 받아 계속 진행 중이다.

　우연히 시작된 도서관 만남이 나와 아이의 일상을 바꾸어놓았다. 방목 육아를 하던 엄마가 영어와 독서를 좋아하는 아이로 키우려고 노력하는 엄마가 되었다. 뛰어다니느라 하루가 짧았던 아이는 2년 차부터는 밥 먹는 일처럼 영어책 듣기와 영화 보기를 하고 있다. 아직은 집중듣기, 흘려듣기를 즐기고 있다는 표현은 어려운 3년 차다. 3년 차에는 비문학 노출을 계획해놓았다. 독서량이 많지 않은 아이가 걱정스러워 엄마는 챕터북 진입할 때처럼 아슬아슬한 마음이 늘 차고 넘친다. 하지만 그동안의 경험으로 아이의 영어 그릇이 채워지면 자연스럽게 아이의 영어도 성장한다는 것을 알기에 처음 시작할 때처럼 조급해하지 않고 부족하면 열심히 채워나갈 수 있게 도와주면 되는 일이다.

• 어려운 영단어를 모국어처럼 습득하는
누리보듬 엄마표 영어

_초등 2학년 아들을 둔 엄마(엄마표 영어 3년 차)

누리보듬 님의 강의를 듣기 전에도 엄마표 영어에 대해 알고는 있었지만 두 가지 이유로 확신이 없었다. 한 가지는 엄마가 영어를 못한다였고 또 하나는 흘려듣기와 집중듣기에 대한 끊임없는 의심이었다. 하지만 선생님과 도서관 만남 3개월을 함께하며 의심은 확신으로 바뀌었다. 엄마가 영어를 못해도 아이에게 관심을 가지고 성향을 관찰하며 재미있고 좋은 책을 아이와 함께 선택할 수 있는 내공만 있으며 충분했다. 집중듣기와 흘려듣기에 대한 의심은 '습득'이라는, 한 단어로 해결이 되었다. 내가 아무리 지속적으로 CNN 뉴스를 듣는다고 해서 언젠가는 그 뉴스가 들릴 것 같지 않았다. 흘려듣기, 집중듣기를 의심했던 이유이기도 했다. 그러나 그것은 이미 성인이 되어 학습으로 접근해야 하는 나의 경우였고 아이들은 '습득'이라는 무기를 아직 가지고 있으니 가능한 일이라 믿어졌다.

아이가 7세 되던 2017년 3월에 선생님의 강의를 듣기 시작해 5월부터 본격적으로 시작했다. 흘려듣기는 리틀팍스 1단계부터 6단계 사이의 영상을 두 시간 이내에 자막 없이 자유롭게 보는 것으로 시작했다.

초등학교에 입학하면서 영화를 활용해서 흘려듣기를 하려 했지만 아이가 거부했다. 영화보다는 아이가 흥미 있어하는 넷플릭스와 유튜브의 시리즈를 보기 시작해서 지금까지 진행 중이다. 집중듣기는 2017년 7세까지는 이전과 마찬가지로 그림책 보는 것으로 계속했다. 이 시기에 중요한 한글책도 소홀히 할 수 없었다.

2018년 8세가 되어 초등학교에 입학하면서 리틀팍스 원문을 출력해서 7월까지 진행했다. 1단계는 생략하고 2~3단계는 보고 싶은 것 위주로, 4~5단계는 빠짐없이 진행했다. 8월에 리더스 시리즈 두 개를 보고 초등 1학년 9월부터 챕터북에 들어갔다. 어떤 머뭇거림이나 거부감은 보이지 않았다. 아이와 함께 고른 챕터북으로 꾸준히 진행 중이고 현재 초등학교 2학년 아이는 3.0대의 챕터북을 편안하게 활용하고 있다. 이후의 계획은 흘려듣기로 호흡이 조금 긴 영화를 시도해보려 한다. 집중듣기는 원어민 또래와 비슷한 리딩 레벨을 지금처럼 유지하기 위해 좋은 원서로 충분한 양을 채워나가려 한다. 추가적으로 3년 차에는 학습서와 필사를, 4년 차에는 영어 일기, 5년 차에는 영문법과 아웃풋을 위한 지도를 받으려고 계획하고 있다. 선생님 덕분에 확신을 가지고 차근차근 진행을 하면서 아이의 성장까지 보이니 이 길에 대한 확신이 더욱 생겼다

아이의 진행을 지켜보며 깨닫게 된 것들이 있다. 리틀팍스를 보고 퀴즈를 푸는데 퀴즈 푸는 속도가 정말 빨랐고 정확도도 높았다. 엄마는 문제를 아직 이해도 못했는데 아이는 문제를 읽고 답까지 정확하게 맞추었다. 아이는 해석을 한다기보다는 문장을 직관적으로 이해하고 있

는 느낌을 받았다. 영어를 모국어처럼 습득하고 있는 것 같았다. 문법을 배운 일이 없는데도 알맞은 문장을 알고 있었다. 단어를 외우고 문법을 따지며 배운 것이 아니라 집중듣기와 흘려듣기의 반복으로 바른 문장이 무엇인지 자연스럽게 체득되는 것이다. 'camouflage' 'manta ray' 'hypnotize' 같은 어려운 어휘를 기억하기도 했다. 단어를 무작정 외운 것이 아니라 화면과 문맥을 통해 들어온 단어들이 계속되는 흘려듣기와 집중듣기를 통해 반복되며 장기기억에 저장되는 것이다. 영어가 모국어가 아닌 이상 현지에서 쓰는 살아 있는 영어를 접할 기회가 많지 않은데 흘려듣기와 집중듣기를 통해 이를 접할 수 있게 해주었고 더불어 문화까지도 간접 체험할 수 있도록 해주었다.

얼마 전 레벨테스트를 받았는데 결과가 좋았다. 테스트를 받은 곳은 단순히 언어로서 영어를 가르치는 것이 아니라 지식으로서의 영어교육을 표방하는 곳이었다. 미국의 홈스쿨링 학생들에게 정규과정을 가르치기 위해 만든 콘텐츠로 수업하는 곳이었다. 유치원 단계에서 2학년까지의 모든 학습 과정을 알아듣고 이해할 수 있다면 언어의 기본기는 완성된 것이고 3학년 이후부터는 지식 습득을 목표로 한다고 했다. 테스트 결과 아이는 기본이 탄탄하다고 칭찬받았고 일부는 2학년, 일부는 3학년 수업을 들을 수 있다고 했다. 엄마와 영어를 했다는 말에 상담자는 아이에게 미국에서 살다 왔냐고 물었고 아니라고 대답하자 엄마가 미국 교포인지 다시 물었다.

7세 때 누리보듬 님을 만나지 못하고 사교육을 받았다면 어땠을까? 단단한 워밍업으로 충분히 좋은 성장을 기대할 수도 있었을 것이다. 하지만 책과 함께 꾸준히 제 나이에 맞는 영어 사고력을 확장시킬 수 있다는 기대는 힘들었을 것이다. 무엇보다 아이 자신이 영어를 흥미롭게 느끼지 못했을 것이다. 아이의 타고난 능력을 믿고 6년 전력 질주한다면 분명 영어로부터 진정한 해방을 느낄 수 있을 거라 생각한다. 그때 영어는 단순한 언어가 아니라 아이들에게 꿈을 향해 나아갈 수 있는 강력한 도구가 되어줄 것이라 믿는다.

• 누리보듬 엄마표 영어가 불러온 기적들

_초등 2학년 아들을 둔 엄마(엄마표 영어 3년 차)

아이를 키우고 있는 부모라면 영어에 많은 관심을 갖고 있을 것이다. 나 또한 마찬가지였다. 영어에 대해 관심도 많고 잘하고도 싶었지만 내가 겪었던 영어교육은 허술했기에 우리 아이들은 그런 영어교육을 받지 않기를 바랐다. 아이가 클수록 걱정은 깊어졌다. 영어를 해야 하는데 언제가 적당한지 모르겠고 유명한 유아 영어 교육프로그램을 시키자니 비용도 부담스러웠다. 곧 아이는 여섯 살 후반에 접어들었고, 적어도 일곱 살에는 시작해야 되지 않을까 하는 생각에 내 마음은 초조해졌다.

그러던 중, 2017년 3월 누리보듬 님의 도서관 강의 소식을 접하게 되었다. 선생님의 블로그를 알고 갔던 것이 아니었다. 친한 언니가 함께 가보자고 해서 따라나선 것이다. 나는 엄마표 영어 진행에 대해 굉장히 가볍게 생각했고 목표도 단순했다. 일단 영어를 잘했으면 좋겠다는 막연하고 흔한 목표였다. 그런데 누리보듬 님 강의를 들은 첫날, 엄청난 충격을 받았다. 영어에서 완벽하게 자유로워진다는 높은 목표에 입이 떡 벌어졌고, 실천 방법이 '하루 세 시간씩 매일매일 꾸준히'라는 대목에서 더 당혹스러웠다.

그런데 단호하고 확신 있게 말씀하시는 선생님 강의를 계속 듣다 보니 납득이 되었다. 시간이 갈수록 선생님 방법에 빠져들었다. 물론 쉬운 길은 아니겠구나 생각도 들었고, 반디가 특별했던 것일까 의심도 들었다. 그러나 생각해보면 하루 세 시간씩 매일 공을 들이면 영어뿐만 아니라 그 어떤 과목도 그 어느 누구라도 잘할 수밖에 없지 않을까 믿어졌다. 나는 노력은 배신하지 않는다고 생각하기 때문이다. 그런 생각에 미치자 이왕 하는 거 열심히 제대로 해보자 결심이 섰다. 영어로부터 자유로워진다는 건 유학을 가지 않고는 불가능하다고 생각했는데 유학이 아니어도 가능하다니 가슴이 벅차오르고 설렌다.

1년 차 진행은 '리틀팍스'로 시작했다. 처음 6개월간은 동영상 자막을 열고 자막을 짚어가며 1단계부터 5단계까지 시리즈 전부를 봤다. 퀴즈나 부가 서비스 같은 기능은 집중듣기 한 시간 이외의 시간에 할 수 있게 하였다. 그리고 남은 6개월은 1단계부터 5단계까지를 원문으로 프린트하여 텍스트와 음원을 맞춰 들었다. 흘려듣기는 노트북과 TV를 케이블로 연결하여 영상을 원어 소리와 함께 자막 없이 보여주었다. 처음 한 달은 〈도리를 찾아서〉, 〈인사이드 아웃〉, 〈빅 히어로〉, 〈투모로우 랜드의 마일스〉 등 영화나 시리즈를 보았다. 진행해보니 흘려듣기를 위한 자료가 충분해야 한다는 걸 느꼈다. 선생님 강의에서 들었던 넷플릭스가 떠올라 한 달 무료체험을 해보았다. 넷플릭스는 흘려듣기의 천국이었다. 엄청난 양의 영화와 시리즈가 들어 있었다. 그리고 시간이 갈수록 넷플릭스 시장은 더 커지고 있었다. 충분한 흘려듣기 자료를 제공해주었다. 뿐만 아니라 집중듣기에 적합한 자료도 e-book 형태로 제공하는 영어 원서 사이트들이 넘쳐났다. 인내와 끈기, 정보 확보를 위한 시간 투자만 있으면 엄마표 영어를 잘 진행할 수 있는 좋은 환경이 형성되어 있었다.

누리보듬표 엄마표 영어를 꾸준히 진행할 수 있었던 것은 발전해가는 아이의 모습이 확인되었기 때문이다. 리틀 팍스를 진행한 지 4개월쯤 되자 아이가 간단한 '사이트 워드sight word'를 읽기 시작했다. 참 신기했고 기특했다. 파닉스를 가르치지 않고 읽는 게 가능하다는 것을 직접 확인했다. 점차 아는 단어와 어휘들이 늘어가기 시작했다. 흘려듣기로 영화를 볼 때도 100%는 아니지만 영화의 캐릭터들이 어떤 말을 하고 어떤 상황인지 영상을 통해서 파악해가는 모습도 보였다. 시간이 지나면 지날수록 간단한 질문이나 대답은 영어로 하기 시작했다. 영어를 배우는 게 아니라 온몸으로 습득하고 있음이 아이의 모습을 통해 느껴졌다. 다른 사람이 보면 별거 아니게 느껴질 수 있지만 나에게는 목표로 한걸음씩 다가가고 있다고 생각되었다. 이렇게 조금씩 조금씩 가다 보면 멀게만 느껴지던 목표가 다가올 것이라는 확신도 강해졌다.

2년 차 때는 『Mr. Putter and Tubby』 『Nate the Grate』 『Magic Tree House』 등 챕터북 시리즈를 진행했다. 엄마의 걱정과는 달리 챕터북 진행은 순조로웠다. 아이는 매체의 변화를 크게 느끼지 못했다. 아마도 리틀팍스를 진행할 때 그림 없이 글자로만 쓰여 있는 원문 프린트를 진행한 것과 2년 차에 볼 책들을 구비하여 아이에게 미리 보여주면서 계획을 얘기해준 것이 큰 영향을 준 듯했다. 글자가 작고 많은 챕터북에 거부감 없이 시작할 수 있었고 넘어가는 것 또한 자연스러웠다. 챕터북을 진행하다가 10월쯤 '연따'도 시도해보았다. 아이는 거침없이 따라했다. 물론 발음이 유창하지는 않았지만 거의 놓치지 않았다. 연따는 들려야 할 수 있다고 했는데 아이의 그런 모습에 흐뭇하고 놀라기도 했다.

챕터북에 들어가 처음으로 7월쯤 고비가 찾아왔다. 아이에게서 처음 보는 모습이었다. 『A to Z Mysteries』를 진행하는데 도무지 집중을 하지 못했다. 어려워하는 눈치였다. 8세 7개월에 리딩 레벨 3.0대의 챕터북을 소화하기는 내가 봐도 무리였다 싶었다. 또 한 가지 마음에 걸리는 것이 있었다. 챕터북을 진행하는 초기에 오디오 속도가 지루하다는 아이의 의견을 받아들여 속도를 높여서 듣고는 했었다. 당시는 덜 지루해서인지 집중력 있게 들어주었는데 빠른 속도가 의미 파악에 영향을 준 것은 아닌지 돌아보게 되었다. 어쩔 수 없이 다시 반복을 하자고 제안했다. 조금 더 밀어붙여볼까도 생각했지만 진행을 빨리 시작한 만큼 겁도 났고 지금까지 잘해준 것도 대견하다고 생각해서 다시 반복해서 진행했다. 하루 세 시간 영어 진행은 일상이 되었기 때문에 계획이 수정되었을 뿐 새로울 것도 없고 유별날 것도 없었다.

이제 엄마표 영어 4년 차, 그렇게 오래되지는 않았지만 끝까지 할 계획이고 끝에 대한 확신까지 생겼다. 그리고 진행하면서 가장 중요하게 느꼈던 점이 있다. 언제나 불안하고 초조한 것은 아이가 아니라 엄마였다는 것이다. 아이는 미리 계획을 얘기해주고 예측 가능한 생활 패턴을 유지해주면 흔들리지 않았다. 지금의 우리 집은 하루하루가 별다를 것 없이 똑같이 느껴진다. 아이는 자신이 해야 할 실천들을 일상으로 해나가고 있다. 나는 내년에 집중듣기 할 책들을 미리미리 확보하고 아이에게 이야기도 해주었다. 또 다음 해가 되면 그 다음 해에 볼 책들을 계획하고 미리 확보도 해놓고 아이와도 이야기할 것이다. 이렇게 한 해 한 해가 똑같이 지나다 보면 어느새 아이의 성장만큼 영어 사고력도 성장할 것이라 확신한다.

'누리보듬 선생님을 만나지 못했더라면 어떻게 되었을까?' 생각이 자주 든다. 그랬다면 아마 지금쯤 이리저리 휩쓸리며 방황하고 있을 것 같다. 그래서인지 선생님과의 인연이 소중하고 감사하다. 적기에 선생님과 인연을 맺게 되신 분들에게 행운이라고 말하고 싶다. 꼭 놓치지 말고 후회하지 말고 아이들의 눈부신 성장을 위해 이 길을 함께했으면 좋겠다.

1주 차

언제, 얼마나?
장기 계획 세우기

내 아이의 최종 목표는
무엇인가?

2017년부터 지금까지 진행하고 있는 '엄마표 영어 7주 연속 강연'은 초등 1학년에 시작해서 8년 후 '영어 해방'에 이르기까지 반디와 실천했던 방법들을 총 일곱 가지 주제로 나누어 이야기한 프로젝트다. 많은 엄마들이 7주의 시간을 함께한 후에 이 길에 분명한 확신을 얻고, 첫걸음부터 목표에 이르기까지 각자의 큰 그림을 그리고, 각 학년별 구체적인 계획도 세우기를 바랐다.

1주 차, 첫 주제의 핵심 키워드는 '최종 목표'다. 내 아이의 영어, 그 최종 목표가 무엇인지 먼저 점검해보는 것이다. 집중듣기나 흘려듣기 등 실질적인 실천 내용이 아니다. 이 길을 어떤 마음으로 선택하고 어떻게 접근했는지에 대한 이야기다. 실용적인 실천 방법이 아니어서 소홀히 여길 수 있지만 이 부분만 틀을 잡아도 계획의 절반은 완성된 것이나 다름없다. 알찬 계획이 완성되면 실천은 따라오게 되어 있다. 섣부른 실천이 먼저가 아니다. 그래서 첫째 주는 '목표'를, 둘째 주는 '확신'을 강조한다. 이미 다 알고 있어서 특별할 것 없는 실천 방법보다 첫째, 둘째 주의 이야기가 깊이 남았다는 강연 후기가 많았다. 그동안 무엇을 놓치고 있었는지 확인하는 시간이다.

"아이들이 영어 습득을 위해 지금 투자하고 있는, 또 앞으로 투자해야 할 비용, 시간, 노력의 최종 목표가 무엇인가?"

내 아이가 이루었으면 하는 '영어의 끝'이 무엇이면 좋겠는지를 묻는 것이다. 한 번도 생각하지 못한 질문이 아니기를 바라지만 대답하는 이는 극히 드물었다. 가끔 듣게 되는 답은 너무 막연하거나 너무 소박하다. 정답 내리기 어렵다는 것을 알기에 아래와 같이 질문을 던져본다.

1. 착실한 학원 레벨 상승, 그리고 중고 내신, 수능에서 만점?
2. TOEFL, TEPS, TOEIC 등 공인인증시험에서 높은 점수?
3. 깊이는 없지만 일상 회화 정도의 간단한 의사소통?
4. 현장에서는 무용지물이지만 취업을 위한 스펙 한 줄 채우기?

강연 현장에서는 이 안에 답이 있는 분들을 잘 만나지 못한다. 이 정도의 목표가 아닌 것은 분명했다. 위의 목표를 달성하기 위해서 찾아가야 하는 곳은 엄마표 영어 강연장이 아니고 도시마다 활성화되어 있는 학원이기 때문이다. 일상 회화 정도의 간단한 의사소통이 목표인 경우는 간혹 만난다. 그런데 중요한 덧붙임이 빠져 있다. 깊이는 없지만! 깊이 없는 의사소통이라도 했으면 하는 것이다. 마찬가지다. 깊이 없는 의사소통 정도의 소박한 목표라면 이 힘든 길을 가라고 추천하고 싶지 않다. 그럼 어떤 목표를 가져야 할까?

원하지 않는 목표는 분명한데 원하는 목표는 분명하지 않다. 뭉뚱그려 표현하자면 "그냥 영어 좀 잘했으면 좋겠다." 정도를 넘어서지 않는다. 어떤 목표로 이 길에 들어설 것인지 자신만의 답으로 빈칸을 채워야 한다. 누군가의 목표를 나의 목표로 삼고 따라가는 것이 아니다. 쌍둥이라고 해도 목표가 달라야 한다. 아이 각각의 성향, 워킹맘이나 다둥맘 등 현재 처해 있는 가정환경을 고려해서 그 안에서 할 수 있는 최선을 구체화시켜 답을 찾아야 한다.

바라보는 방향이 같은 분들을 오프라인에서 만나고 싶었던 이유 또한 획일화되고 표준화된 실천 방법을 이렇게 하라 저렇게 하라 제시하고 싶어서가 아니다. 각자의 계획과 각자의 최선으로 자신만의 길을 새롭게 찾았으면 했다. 그렇게 찾은 자신만의 길에서 긴 시간 동안 헤매지 않고 갈 수 있도록 힘이 되고 도움되는 긍정적 데이터를 제공하고 싶었다. 어떤 목표라도 좋다. 아이와 많은 이야기 나눈 뒤 함께 합의된 목표라면 더할 나위 없다. 끝을 알아야 끝을 향해 갈 수 있다. 목표도 없는 길고 험한 길에 아이들을 밀어 넣지 말자. 흔들리며 가더라도 닿고자 하는 목표가 분명하다면 길을 잃어버리지는 않을 것이다.

변형되지 않은 원문의
지식과 정보 얻기

 2018년 4월 〈어벤져스: 인피니티 워^Avengers: Infinity War〉의 국내 개봉 후 극장판 영화의 오역으로 한바탕 인터넷이 들끓었던 것을 기억할 것이다. 10년이 넘게 이어지는 마블 시리즈는 분명한 하나의 세계관을 가지고 있다. 그것을 이해하고 좋아하는 마니아에게 얼마나 충격적인 오역이었으면 번역가를 퇴출시키라는 청와대 민원까지 등장했을까? 그 심정이 충분히 이해됐다.

 작은 동네처럼 느껴지는 단어 그대로 세계는 '지구촌'이 되었다. 가공되거나 변형된 지식과 정보가 아닌 본래 그대로의 것에 접근하는 데 무한한 자유가 보장되는 세상이다. 그렇다면 원문의 지식과 정보에 접근해서 스스로의 한계를 넓혀가는 데 가장 강력한 도구가 되어주는 언어는 무엇일까? 아직까지는, 아니 적어도 우리 아이가 살아갈 세상까지는 의심 없이 영어라 생각했다. 영어를 대체할 수 있는 언어가 무엇일까? 있기나 할까? 있다면 그것으로 대체되기까지 얼마나 시간이 걸릴까? 우리 아이가 살아야 하는 세상, 그 안에서 이뤄질 수 있을까? 나는 반디가 성장해서 맞서야 하는 세상 안에는 일어나지 않을 일이라 생각했다. 그리고 지금 이 글을 읽는 분들이 아이를 키우고 있는 부모라면 여러분의 아이도 다르지 않다고 확신한다.

세계 유명 대학의 온라인 공개 강좌 MOOC
/

우리 아이들이 살고 있는 세상, 또 앞으로 살아갈 세상에서 영어가 자유롭지 않다면 말 그대로 '그림의 떡'인 것들을 살펴보자. 첫 번째, 하버드, MIT, 스탠퍼드 강좌들을 안방에서 만날 수 있다. 세계 유명 대학의 온라인 공개 강좌 'MOOC^Massive Open Online Course'는 미국에서 시작되어 전 세계 대학가로 확산되고 있다. 이름만으로도 가슴 설레는 최고 대학 강좌들을 집에서 편안히 들을 수 있다. 〈뉴욕 타임스〉는 2012년 '올해의 온라인 공개 수업'이라는 제목을 통해 온라인 공개 수업을 교육계의 가장 혁명적인 사건으로 꼽았다. 〈타임〉은 "온라인 공개 수업이 대중들을 위한 아이비리그를 열었다."고 평가했다.

반디가 한국으로 돌아오기 전에 사전에 공부해야 할 부분을 지도받으면서 강의 노트까지 제공되는 MIT의 MOOC 강좌 수십 개를 찾았다. 부러웠다. 내 집 책상에서 편한 자세로 세계 최고 대학의 강좌를 모국어

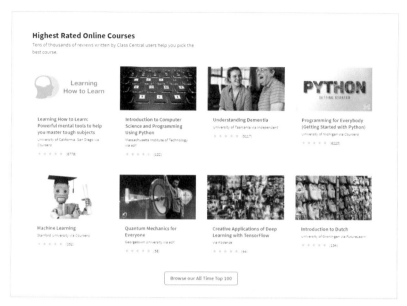

아이비리그 대학교의 MOOC 사이트를 알려주는 프리코드 캠프 홈페이지

가 아니어도 아무런 부담 없이 어렵지 않게 자기 것으로 만들고 있었기 때문이다. 새로운 시작에 큰 도움 되었던 것은 당연하다. 혹시 현지에서 4년간 대학을 다녔기에 가능했을 것이라 오해할 수도 있으니 미리 밝힌다. 호주 대학에 입학이 결정되고 현지에 가기 전에도 스탠퍼드 대학의 MOOC를 이용해서 전공 관련 기초 강의를 무리 없이 들었다.

프리코드 캠프 홈페이지
www.classcentral.com

새로운 영어 교재, Youtube

/

두 번째, 우리말 영상만 찾기에는 너무 아까운 이곳은 어디일까? 세계 최대의 동영상 공유 사이트 '유튜브Youtube'다. 구글이 유튜브를 인수한 지 만 10년이 지난 지금 '세계 최대의 동영상 공유 사이트'의 면모를 유감 없이 과시 중이다. 담고 있는 내용은 무궁무진하다. 전체 영상에서 우리말이 차지하는 비율과 영어가 차지하는 비율을 비교해본다면? 우리말로만 유튜브 영상을 검색하고 있다면 생각해본 적 없는 궁금증일 수도 있다. 영어가 자유롭다면 새로운 지식 탐구, 취미, 특별한 분야의 깊은 관심과 이해를 위해서도 유튜브는 최고의 보물 창고라 할 수 있다. 블로그에 '보물찾기 카테고리'가 있다. 유튜브에 있는 아이들을 위한 원음의 영상들에 대해 여러 차례 소개를 해놓았다. 2005년 엄마표 영어를 시작했던 우리는 누리지 못했던 별세상이다.

미국 학교에서 교재로 사용하는 칸 아카데미

/

세 번째, 텍스트와 영상으로 제공되는 학습 자료도 넘쳐난다. 세계 최고의 비영리 교육 서비스 강좌들이다. 특히 2006년 인도계 미국인 살만 칸이 만든 '칸 아카데미Khan academy'가 대표적이다. 살만 칸은 MIT에서 전공 공부를 하고 하버드경영대학원에서 MBA를 취득한 후 실리콘밸리에서 엔지니어로, 보스턴에서는 헤지펀드 분석가로 일하던

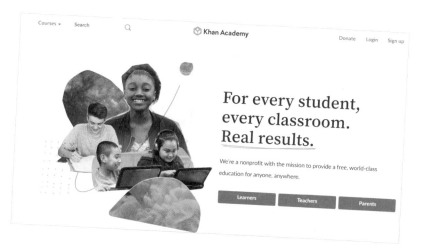

칸 아카데미 홈페이지

인재였다. 조카를 위해 유튜브를 이용해서 원격 수학 과외를 해주던 것이 칸 아카데미의 시작이었다. 지금은 초중고교 수준의 수학, 화학, 물리학부터 컴퓨터공학, 금융, 역사, 예술까지 4,000여 개의 동영상 강의를 무료로 제공하는데 미국의 학교에서는 교육 자료로도 사용하고 있다. 물론 모두 영어다.

칸 아카데미 홈페이지
www.khanacademy.org

수천 개의 강연을 무료로 제공하는 TED

/

'알릴 가치가 있는 아이디어Ideas worth spreading'가 모토인 '테드TED' 강

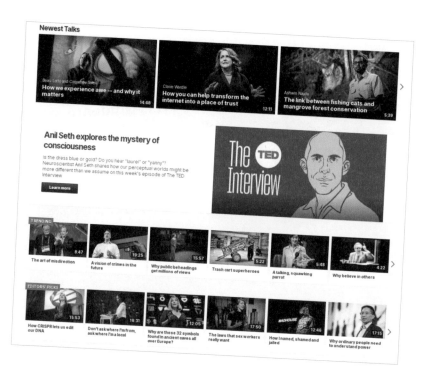

테드 홈페이지

연 또한 많은 관심을 받고 있다. TED^{Technology, Entertainment, Design}는 미
국의 비영리 재단에서 운영하는 강연회다. 웹사이트에는 2,600건이 넘
는 강연이 무료로 공개되어 있다. 영어로만 되어 있는 강연 비디오를
자원봉사자들이 각자의 언어로 번역하여 제공한다. 영어가 자유롭다면
자막에 의지하지 않고 볼 수 있는 영상에 비해 한국어로 번역된 영상은
그 수부터 차이가 난다.

테드 홈페이지
www.ted.com

세상의 모든 자료가 있는 Google

세계 유명 도서관이 내 손안에 있다. 바로 '구글Google' 검색이다. 구글은 뉴욕도서관을 비롯하여 세계 유명 도서관의 자료를 서버에 저장해놓고 검색 서비스로 제공한다. 우리 아이들은 그런 도서관을 손안에 쥐고 24시간을 살고 있다. 우리말의 한계에 갇혀 국내 포털사이트의 정보에만 의존하는 것과 구글 검색을 통해 원문의 데이터를 마음껏 참고할 수 있는 것, 그 차이를 아는 사람은 알고 있다. 가장 단순한 비교를 위해 위키백과를 활용해보자. 같은 검색어지만 스크롤 압박 수준으로 정보가 담겨 있는 영어 버전과 한두 줄 덩그러니 놓여 있는 한글 버전의 결과를 본 사람은 무슨 말인지 이해될 것이다.

기본적으로 영어라는 언어가 자유롭지 않으면 사소한 부분까지 '그림의 떡'이다. 이 모든 것이 그림의 떡인 아이와 이 모든 것을 자기 것으

구글 홈페이지

로 만들며 한계 없이 세상을 살아갈 아이. 내 아이가 어떤 아이였으면 좋을지 말이 필요할까? 이런 세상을 살아가고 앞으로도 살아내야 할 우리 아이들이다. 당장 눈에 보이는 시험 결과를 영어의 목표로 접근하는 것은 수십 년 동안 우리가 저질렀던 잘못을 그대로 답습하는 것이다. 결과 또한 수십 년 동안 우리가 보았던 것 이상은 기대하기 힘들다. 시간, 비용, 노력 투자 대비 가장 비효율적이었다고 후회하는 결과를 충분히 예상 가능하다.

구글 홈페이지
www.google.com

'그냥' 말고, '제대로' 하자!

제일 먼저 기존의 방식에서 벗어난 목표를 세워야 했다. 우리의 목표는 이랬다.

'영어에서 완벽하게 자유로워져서 '언어의 한계'에 갇히지 않고 지식 탐구에 무한한 자유를 느낄 수 있도록 평생의 동반자로 함께하는 '도구'로 만들자!'

근사하지 않나? 취학 전에는 의도적으로 아이가 영어에 관심을 두지 않도록 하고 엄마 혼자 엄마표 영어를 공부하면서 목표를 세우고 많이 뿌듯해했다. 너무 높아 불가능해 보일 수도 있는 목표다. 나 또한 처음에는 어이없는 목표라 생각했다. 그런데 꾸준히 시간을 채우니 높아만 보이던 목표가 손에 닿을 듯 점점 가까워지고 멀게만 느껴지던 목표가 성큼성큼 다가와 움켜쥘 수 있게 되었다.

이런 근사한 목표를 완성해줄 수 있는, 믿어 의심하지 않아도 좋은 방법이 '제대로 엄마표 영어'다. 그냥 엄마표 영어가 아니라 '제대로'다. 뚜렷한 목표나 구체적인 계획조차 없이 누구나 몰려가는 줄에 서서 엉거주춤하고 있다면 지금 당장 새로운 목표로 빈칸을 채우기 바란다. 제대로 엄마표 영어의 시작은 그것부터다. 무작정 집중듣기와 흘려듣기를 시작하는 것이 아니고 내 아이만을 위한 영어, 그 분명한 목표가 먼저다.

초등 시작은
정말 늦은 걸까?

간혹 책 제목과 홍보 문구만으로 반디가 어쩌다 보니 영어를 늦게 시작했다고 오해하기도 한다. "정말 취학 전에 영어 노출이 없었나요?" "왜 그렇게 늦게 영어를 시작했나요?"라는 질문을 많이 받았다. 나는 '취학 전에는 영어 노출을 하지 않아도 된다!' 확신을 가졌던 사람이다. 어쩌다 보니 늦어진 것이 아니라 의도와 계획을 가지고 선택했던 시작이었다. 단 한 번도 그 시작이 늦었다고 생각해본 적 없었다. 8세, 영어를 시작하기 적기라 생각했고 그것이 옳은 선택이었다는 확신은 엄마표 영어 2년도 안 돼 확인되었다. 온오프라인으로 소통하며 '정말 시작이 늦은걸까?' 하고 8년을 곱씹어 생각했지만 '그건 아니다!'가 더 분명해졌다.

내 아이의 속도를 존중하기

/

왜 초등 1학년이 영어를 시작하기 늦었다고 생각하는 걸까? 초등학교 3학년 이상을 두신 어머님들은 물론이고 초등학교 2학년 자녀를 두신 어머님도, 초등학교 1학년 자녀를 두신 어머님도, 하물며 5~6세 자녀를 두신 어머님도 영어를 시작하기에 늦었다고 생각하는 분들이 많아 정말 놀랐다. 너무 늦어서 좌절감을 느낀다거나, 조급함에 아이를 닦달한다거나, 아예 시작 자체를 포기하고 적당히 좋다는 부분만 발 걸치고 싶은 분들도 많았다.

나는 취학 전에 서둘러 영어에 노출시키는 것을 반대한다. 그렇기에 반디도 초등 입학 후 시작하는 것으로 계획하고 실천했던 것이다. 경험을 나누고 지켜보며 생긴 확신도 있다. 초등 저학년이라면 1~2년 늦은 시작은 알찬 계획과 꾸준한 실천으로 충분히 메울 수 있다. 그러니 늦었다 생각하는 어머님들의 생각에 동의가 되지 않았다.

엄마표 영어에 대해 처음 알게 된 것은 반디가 다섯 살이던 2002년이었다. 그런데 왜 초등 입학 이후에 시작했을까? 관심을 가지고 깊이 들여다보니 섣부르게 대들 수 있는 만만한 일이 아니라는 것을 금방 깨달았다. 또 한 가지, 취학 전에 마음을 써야 하는 다른 것들이 많았다. 이 시기를 놓치면 아이의 삶 전체가 흔들릴 수도 있는 것들에 마음을 쓰는 게 더 중요하다 결론을 내렸다.

영어뿐만 아니라 아이에게 뭔가를 가르치는 모든 일에 많이 게으른 엄마였다. 하지만 함께하는 것에는 꽤 정성을 들였다. 엄마표 영어도 가르치기보다는 함께하기 위해 선택한 것이었다. 그렇기 때문에 더 어린 나이에 엄마표 영어를 시작할 필요가 없다고 생각했고, 그 선택에는 아직까지도 후회가 없다. 언제 시작하고 어떻게 하는지는 모두 개인의 선택이다. 아이들은 각자의 성향만이 아니라 처해 있는 가정 환경도 모두 다르다. 누군가가 성공했다는 그 길을 그대로 따라간다고 해도 성공하기 힘든 세상이다. 세상 어디에도 존재하지 않는 새로운 길을 만들고 나아가야 한다. 엄마표 영어를 실천하는 아이가 백 명이라면 백 가지 새로운 길이 만들어지는 이유다. 우리의 지난 경험을 그대로 따라 하면 위험하다는 경고이기도 하다.

'일찍'보다는 '꾸준함'이 더 중요하다
/

영어 노출을 서두르는 것을 탓하려는 의도가 아니다. 시작이 중요한 것이 아니다. 시작 이후 꾸준함을 넘어 일상으로 만들어야 한다. 일정 시기 이상 그 일상이 지속되며 제대로 달려야 할 정말 중요한 시기가 온다. 엄마표 영어의 실천 집중 시기를 그 시기에 맞추어야 희망을 현실로 만들 수 있다. 제대로 된 길에서 전력 질주하면 뇌도 도와주는 시기가 분명 있다고 믿는다.

우리말에 익숙해지는 것도, 또래의 사고력도, 취학 전의 아이가 다다를 수 있는 한계가 있다. 자신의 연령 이상의 것을 무리 없이 소화하기에 이른 시기이기 때문이다. 모국어가 아닌 이상 영어 또한 모국어를 기반으로 성장한다. 영어 습득력에 있어서도, 영어로 사고하는 능력에 있어서도 또래 이상을 넘어서기 힘들다는 것이다. 그래서일까? 취학 전에는 몇 년이 걸려야 보이는 성장이 초등 입학 후 시작한 제대로 엄마표 영어에서는 몇 개월이면 확인된다. 저학년에 집중듣기 하며 보냈던 한 시간과 고학년에 집중듣기 하며 보낸 한 시간은 질적인 면에서 분명한 차이가 있다. 아무리 일찍 시작해도 아이의 연령에 맞는 사고 이상, 또는 우리말 실력 이상을 기대할 수 없는 것이 영어 아닐까? 그러니 언젠가 자신의 연령 이상의 경계를 허물기 위해서 어떻게 시간을 쌓아야 하는지 고민해야 한다.

내 아이의 영어 그 최종 목표를 다시 점검해보자. 일상적인 회화에서 만족할 것인지. 영어를 평생의 '도구'로 만들어 원문의 지식 습득에 무한 자유를 느끼며 한계 없는 삶이 가능하게 할 것인지. 그리고 이 길에서 목표를 이루기 위해서는 가고자 하는 길에 대한 확신을 가져야 한다. 시작의 적기를 고민하고, 전력 질주하며 실천해야 하는 시기를 위해 시작부터 목표까지 큰 그림을 그리며 계획을 세우자. 아이가 스스로 만들고 나아갈 길이다. 엄마의 짝사랑에만 머무르면 안 된다. 아이 스스로 욕심을 가질 수 있도록 아이에게 모든 것을 설명하고 공유하고 설득하자. 그런 뒤 아이와 손 잡고 엄마표 영어에 발을 들이자. 그 시기가 초등 6년 안 어디쯤이라면, 감사하게도 6년 중 절반 이상이 남아 있다면 그 어느 때도 결코 늦었다 생각하지 않아도 좋다.

정말 8세부터
시작해도 괜찮을까요?

5, 7세의 형제를 키우고 있습니다. 사촌형 아들이 읽던 영어 동화와 영어 영화, 만화를 큰아이 5세부터 봐왔어요. 매일은 아니었고요. 영상은 주 2회, 영어책은 하루 2, 3권 꾸준히 노출했습니다. 이것 외에 딱히 영어교육은 없었고요. 큰아이는 레벨 2.0 정도의 책을 스스로 읽고 이해할 수 있고 둘째는 더듬더듬 한 줄 동화를 읽을 수 있어요. 누리보듬 님의 책을 읽고 나서 '아, 내가 지금껏 해왔던 것이 잘못된 건 아니구나.' 싶으면서도 8세라는 설득력 있는 나이를 보니, 지금 더 진행을 해도 되는지 혼란스럽습니다.

서두르지 않아도 좋다는 건 이 길을 공부하면서 가지게 된 나만의 확신이었다. 그 누구에게도 강요할 수 없는 개인의 선택이다. 우리가 이 길에 욕심을 가지고 최선을 다해야 하는 실천은 '적기에 전력 질주'였다. 제대로 엄마표 영어의 본격적인 시작은 텍스트 위주로 편집된 챕터북부터라고 생각했다. 그래서 현지 또래에 맞는 리딩 레벨 업그레이드를 위해 해마다 '소리 노출의 절대 필요량'을 채워야 했다. 초등 중학년을 지나 고학년을 넘어 모든 레벨의 책이 자유로울 때까지 학년에 맞는 리딩 레벨을 붙잡고 가는 것이 이 길에서 놓치면 안 되는 핵심이기 때문이다.

초급 챕터북이 2.0대 레벨 정도로 분류되어 있어서 본격적인 챕터북 시작을 초등 2학년으로 잡았다. 그 이전은 시작이 빨라도 늦어도, 노출 시기가 길어도 짧아도 챕터북을 원활하게 진행하기 위한 워밍업 이상은 아니라 생각했다. 이 생각은 지금도 변함없다. '엄마표 영어로 완전히 집중하면 워밍업은 1년이면 끝나겠다.'는 계획이 세워져서 나는 초등 1학년으로 시작 시기를 잡았던 것이다. 워밍업에 힘을 많이 빼고 싶지 않았다. 돈을 많이 들이고 싶지도 않았다. 전자도 중요하지만 후자가 더 중요했다. 워밍업을 초등 1학년 한 해로 끝내자. 이것이 우리의 선택이었고 그것으로 충분하다는 것이 확인되었다.

온오프라인 소통을 하면서 좋아하지 않게 된 말이 있다. 서둘러서 영어를 시작했지만 큰 기대가 없다는 것을 핑계나 위안으로 앞세우기 위해 쓰는 말 같아서다.

"우리 아이는 영어를 재미있게 접근했더니 거부감 없이 잘 받아들이고 있다."

이 말은 사실 '아직까지는 거부감이 없다'는 의미이다. 어느 시기 아이들일까? 재미와 거부감을 걱정할 수 있는 시기, 취학 전이다. 영어 습득이 재미로 접근해서 거부감 없을 때까지로 해결되는 만만함이 아닌데도 이리 말하는 이유가 뭘까? 아이들이 영어에 거부감을 가질 수도 있다는 불안 때문은 아닐까? 왜 그런 불안이 생겼을까? 누군가의 앞선 사례에서 거부감이 생길 만큼 잘못된 접근이 많아서가 아닐까? 또 다른 이유는 거부감이 있으면 '안 시키겠다.' '안 시켜도 그만이다.' '그럴 수 있는 시기다.'라고 마음속 어디에서는 믿는 것이 아닐까? '거부감 없이 즐겁게'는 딱 취학 전까지라는 것을 잘 알고 있다.

본격적으로 전력 질주를 해야 하는 상황에서도 거부감 운운하면서 해도 그만 안 해도 그만, 이럴 수는 없다. 이때부터는 거부감까지 인정해야 한다. 그러면서 해야 하는 것을 받아들일 수 있도록 어떻게 접근할 것인지를 아이에게 맞추어 고민해야 한다. 영어를 재미없어도 해야 하는 것으로 인정하고 시작부터 완성까지 무리 없이 받아들일 수 있도록 꾸준한 실천 방법을 준비해야 한다.

개인의 가치관과 선택에 따라 워밍업이 7년이 되어도 5년이 되어도 3년이 되어도 1년이 되어도 좋다. 성공을 한 누군가의 시작이 여덟 살이었다고 그것에 맞출 필요는 없다. 잘 가고 있다면 중단할 일이 아니다. 그런데 영어 거부감은 왜 생기는 걸까? 처음부터 있는 것이 아니라 안 좋은 기억이나 경험 때문에 생기는 것이 아닐까? 본격적인 전력 질주가 필요한 시기에 영어 자체에 대한 안 좋은 선입견이 남을 수 있는 잘못된 워밍업이라면 그건 피했으면 한다. 안 해도 그만인 시기에 안 좋은 기억을 남기는 건 오히려 제대로 시작하는 데 걸림돌이 될 수도 있다.

이미 잘못된 접근으로 본격적인 전력 질주의 시작도 전에 영어에 대한 거부감이 자리 잡았다면 어찌할까? 다행히 그것이 초등 입학 전이라면 어느 정도 시일을 두어 영어 자체를 잊어버리게 하는 것도 나쁘지 않다. 완전히 리셋된 초기 상태에서 처음부터 다시 시작해도 늦지 않을 것이다. 첫 단추가 잘못 꿰진 것을 알면서 어거지로 맞추며 가는 것보다는 모두 풀어버리고 다시 시작하는 거다. 좀 늦어지더라도 마지막 단추를 채웠을 때 보다 안정적이고 빛날 수 있으리라 믿는다.

지금까지 영어에 욕심부리고 투자했던 시간이 아이들에게 나쁜 기억으로 남지 않았다면 모두 가치 있는 시간이었을 것이다. 그 시간이 본격적으로 전력 질주해야 하는 시기의 바탕이 된다면 더할 나위 없다. 남자아이인 반디 기준으로 말해보자. 레고나 미니카를 가지고 노는 놀이처럼 영어가 아이들이 좋아하는 하나의 활동이면 좋겠다. 엄마와 함께하는 시간에 즐거움을 줄 수 있는 매개체여도 좋겠다. 영어를 대함에 있어 그 어떤 기대와 욕심을 얹지 말고, 그 어떤 선택의 강요도 꾹 참으면서, 무리한 비용 투자도 조심하면서, 꾸준히 관심을 가지고 유지할 수 있는 워밍업이라면 길든 짧든 무슨 고민이 되겠는가!

우리는 워밍업이 짧아도 좋을 것 같아 그리했다. 덕분에 취학 전에 정성을 들이면 좋을 다른 것에 더 마음 쓸 수 있었다. 짧게 마무리한 워밍업이 감사한 사람의 노파심일 수도 있다. 취학 전 영어에 접근했을 때 아이가 받아들이고 견뎌내기 조금이라도 버겁다 싶으면 과감하게 포기해도 좋다. 때가 되기를 기다린다는 배짱을 부려도 좋다. 진짜 제대로 만나야 할 시기를 위해 준비하면 된다. 늦은 시작을 겁내지 않았으면 한다. 늘 그렇듯 이 또한 개인의 선택이다. 어떤 선택이 되었든 아이들과 '오늘' 행복할 수 있는 선택이기를 응원한다.

아직 적기를 놓치지 않았다 생각하는 분들은 욕심이 나지만 뭘 어째야 하는지 막막할 것이다. 제대로 엄마표 영어의 핵심만 알고 꾸준히 실천하면 된다. 임계량을 채울 때까지 문자와 소리에 충분히(차고 넘치게) 노출시키기! 간단하다. 또 익숙한 이야기일 것이다. 여기서 임계량이란 연쇄반응을 계속하는 데 필요한 최소한의 양을 의미한다. 하나 들어가고 하나 끄집어내는 방법이 아니라는 것이다. 이때의 기다림이 지치고 불안하여 포기하게 된다는 걸 잘 안다. 차고 넘치게 채우면 연쇄반응과

함께 어마어마한 폭발력을 가지고 아웃풋이 터져나온다. 그걸 목표로
해야 한다.

에이브러햄 링컨의 말이다.

"나무를 베는 데 한 시간이 주어진다면 도끼를 가는 데 45분을 쓰겠다."

나는 이 말을 이렇게 바꿔본다.

"영어에서 해방되는 데 한 시간이 필요하다면 인풋에 45분을 쓰겠다."

내가 강조하는 의미가 잘 전달되었기를 바란다.

학년을 고려한
계획을 세워라

블로그에서도, 출간된 책 『엄마표 영어 이제 시작합니다』에서도, 강연에서도 강조하고 또 강조하는 것이 있다. 엄마표 영어 방법을 깊이 들여다보고 공부했다면 놓칠 수 없는 말이다. 누군가의 성공적인 경험을 획일화, 표준화시켜 정형화된 방법을 만들어 제시할 수는 있다. 하지만 그것을 답습해서 성공할 수 있는 길이 절대 아니다. 각각의 아이 성향이나 각 가정이 처해 있는 상황에 맞춰 각자의 길을 만들고 나가야 하는 방법이다. 워킹맘도 있고 다둥맘도 있다. 조금 늦었지만 전력 질주로 이 길에 들어서겠다 생각하는 사람 등 시작 시기가 또한 모두 다르다.

아이의 학년을 고려해서 계획을 세우라는 것이다. 현재 3학년, 4학년인 아이가 반디의 1학년 실천을 모방한다면? 학년과 리딩 레벨의 간극은 점점 더 벌어질 것이 예상된다. 이 길에서 언제 벗어날 것인지 그 끝도 분명히 해야 한다. 기약 없이 무한정 할 수 있는 방법이 아니다. 현실적으로 생각하면 후반전은 대입에 맞춰 입시 교육 시스템에 휘둘릴 수밖에 없다. 그 이전이 유일하게 집중 몰입할 수 있는 시간이다. 만약 6학년까지라고 계획했다면 그 마지막에 아이가 도달해야 하는 목표가 무엇인지를 분명히 해야 한다. 이 길에서 벗어나야 하는 그때, 적어도 아이의 리딩 레벨이 어디에 닿았으면 하는지 세부적인 목표를 세워야 한다. 그래야 그 목표에 맞는 실천을 계획할 것이 아닌가!

제대로 엄마표 영어는 실천 핵심을 정확히 잡아야 한다. 집중듣기 한 시간, 흘려듣기 두 시간, 그래서 하루 세 시간 영어 노출이 실천 핵심이다. 하지만 핵심 중의 핵심은 그것이 아니다. '제 또래에 맞는 리딩 레벨을 찾아 꾸준히 원서를 읽자.'는 것이다. 그리고 제 또래에 맞는 원서를 어려움 없이 읽기 위해 필요한 것이 매일 소리 노출 세 시간이었다. 반디의 경험이나 지금 전력 질주 중인 지인들의 경우 7~8세에 시작해서 시간을 제대로 채워나가야 제 또래의 리딩 레벨을 놓치지 않는다는 데이터를 제공한다.

아이의 리딩 레벨을 반드시 체크할 것

/

초등 3, 4학년에 시작해도 1학년과 똑같이 실천해야 할까? 간혹 소통을 하다가 맥이 빠질 때가 있다. 중학년, 하물며 고학년이 목전이면서도 '우리도 1년 차다. 반디의 1년 차를 답습하자.'고 생각하는 분들을 많이 봤다. 반디는 초등학교 1학년에 시작해서 차근차근 또래에 맞는 리딩 레벨로 업그레이드하는 것을 놓치지 않았고 6학년이 되어 6.0 이상의 독해력이 가능할 만큼을 채웠다. 시작이 반디처럼 초등 1학년이 아니라면 학년에 맞는 계획과 실천을 다시 계산해야 한다. 늦은 만큼 보완하고 보충해야 하는 부분들이 있다. 남아 있는 최적기를 어떻게 채워야 할지 깊은 고민이 필요하다. 이미 벌어져 있는 리딩 레벨을 따라잡기 위해 얼마큼을 더 채워야 하는지, 반디처럼 매일 한 시간이면 충분할 것인지, 한 시간 이상이 필요하다는 계산이 나오면 그 시간을 확보할 수 있는지, 힘들고 어렵겠지만 아이가 앞으로 해야 하는 일에 대해 충분히 이해하고 설득되었는지, 엄마의 확신을 믿고 최선을 다할지 등등 많은 고민들이 있다. 이런 친구들이 좋은 점도 있다. 이 모든 것을 아이와 머리를 맞대고 계획할 수 있는 연령이라는 것이다. 때로는 그 과정이 아이에게 동기 부여가 되기도 한다. 그 어떤 일이라도 어설프게 알고 막연하게 접근한다면 중도 포기의 유혹을 이겨낼 수 없다.

반디 친구 중 4학년 2학기부터 엄마표 영어를 시작해서 1년 6개월 만에 반디가 1학년부터 5학년까지 5년간 읽었던 원서의 양을 따라잡은 아이가 있다. 절대 무시 못할 그 시간의 내공은 대학 입학 후 빛을 보고 있다. 그 친구가 4학년 2학기에 시작해서 정확하게 몇 시간을 집중듣기 했는지 몇 시간을 흘려듣기 했는지는 모른다. 하지만 그 시간 이후 엄청난 아웃풋을 발휘한 것을 보면 투자한 시간을 짐작할 수 있다.

무엇이 부족한지 세심하게 살필 것

학년에 맞지 않는 그림책과 리더스북을 붙들고 있다가 책이나 강연을 보고 챕터북으로 진입을 시도했다는 후기를 많이 접한다. 몇 개월 후 무난히 리딩 레벨을 따라잡고 있다며 감사를 전하는 반가운 소식도 들리지만 아이가 힘들어하고 이해도가 만족스럽지 않다는 하소연도 만나게 된다. 원인을 잘 살펴봐야 한다. 익숙하지 않은 챕터북이기에 익숙해져야 하는 시간이 필요한 것인지 이전 단계를 충분히 채우지 못했기 때문인지. 만약 부족했다면 시간이 부족해도 채워야 한다. 이해력이나 인내력, 집중력이 초등 저학년 때와는 분명 다를 테니 그보다는 짧은 기간에 채워질 것이다. 저학년에 채우지 못한 부분을 아이에 맞게 기간을 압축해 계획을 세우고 실천하면 레벨 차이를 따라잡는 것이 어렵지 않다. 그런 노력이 필요한데 그저 나도 1년 차라는 생각으로 반디의 1학년 실천만 따라 진행하는 것에 만족한다면 간극이 점점 벌어지는 것은 당연하다. 귀중한 시간을 허비하게 될 수도 있다. 전체의 흐름을 파악하지 못한 채 누군가를 실천을 답습하는 것이 위험하다는 말을 얼마나 더 해야 할까? 반디의 진행을 그대로 따라 해도 좋겠다 싶은 분들은 아이가 8세 (혹은 아이에 따라 7세)에 본격적으로 전력 질주를 시작하시는 분들이다.

간단하게 예를 들어보자. 3학년 친구가 있다. 학교 수업이 영어 노출의 전부인 경우, 늦지 않은 시기라는 확신으로 이 길에서 전력 질주할 계획을 세웠다는 가정을 해보자. 가능한 빠른 시간에 리딩 레벨 3.0대가 무난할 정도의 채움을 실천해야 한다. 챕터북 진행이 가능할 정도로 그림책과 리더스북의 워밍업 경험도 충분하지 않으니 그부터 마음을 써야 할 것이다. 그렇다고 반디처럼 워밍업을 1년이나 할 수 있을 정도로 시간이 여유롭지 않다. 얼마큼을 채우면 챕터북으로 무난하게 넘어가 줄지, 그 양을 가늠하고 기간을 짧게 조절해야 한다. 이렇게 진행하지 못하면 리딩 레벨을 따라잡고 끝을 만날 수 없다.

다른 이들과 이렇게 진행하고 계산하고 경험했다는 이야기를 나눠보자. 멀티미디어 동화 사이트에서는 자신들의 프로그램을 원서 리딩 레벨과 비교할 수 있도록 표를 제공한다. 우선 리딩 레벨 목표가 정해졌다면 그 목표를 위해 그 사이트에서 봐야 할 동화의 양이 얼마큼인지 가늠해보자. 그 동화를 완독하기 위해 몇 시간이 필요한지 계산해보고 그것을 완성하기 위해 매일 몇 시간을 소리에 노출해야 하는지도 계산해보자. 동화 사이트를 이용해도 좋고 도서관 책을 빌려봐도 좋고 이미 구입해놓은 책을 활용해도 된다. 중요한 것은 매체가 아니라 얼마큼을 채워야 하는지 정확한 계산이 나와야 한다는 것이다.

7세까지 영어 노출 제로,
16세에 해외 대학 입학한 비밀

제대로 엄마표 영어 실천의 핵심 키워드는 매일 세 시간 영어 노출
이다.

"매일 세 시간이라고?"

"그럼 다 때려치우고 영어만 하라는 건가?"

"그게 어떻게 가능해?"

"워킹맘이라 아이와 보내는 하루의 전부가 세 시간이 안 되는데 어
쩌라고?"

이렇게 놀라며 반문하는 엄마들도 많다. 지금도 목소리가 귀에 들리
는 것 같다. 우리라고 하루 30시간을 살았던 것도 아니지만 반디는 초
등 4학년까지 하루 세 시간 영어 노출 시간을 충분히 확보할 수 있었다.
강연을 들은 엄마들의 말을 빌리자면 처음 이 말을 들었을 때는 말도

안 되고 불가능해 보였다고 한다. 그런데 실제로 각자만의 계획을 구체화시켜 1년 정도 실행해보니 아이들 일상에 세 시간 확보가 그리 어려운 일이 아니어서 놀랐다는 것이다. 생각만으로는 막연한 세 시간, 실제 일상으로 습관화된 세 시간, 그 차이는 직접 경험해보지 않으면 알 수 없다. 어쩌면 이 길에서 끝을 보겠다는 간절함의 크기가 시간 확보의 관건이 아닐까?

매일 3시간, 걱정하지 말고 꾸준하게!

사교육의 도움을 받지 않고 집에서 시작부터 완성까지 계획하고 실천했다는 의미에서 '엄마표'라 표현했다. 유학을 가서 영어가 일상어가 되기 전까지를 전체 기간으로 본다면 우리의 엄마표 영어는 8년이라 할 수 있다. 하지만 반디가 초등학교 1학년에 처음 영어를 접한 뒤 제대로 집중한 시기만 따지면 초등 6년이다. 홈스쿨을 했던 1년 6개월 동안은 영어에 특별히 더 정성을 기울이지 않았다.

그 시간을 바탕으로 같이 공부하는 친구들보다 네다섯 살 적은 나이에 해외 대학에 입학했다. 아이는 늘 그렇듯 '오늘'을 열심히 살았다. 입학은 쉬워도 졸업이 어렵다는 해외 대학이다. 쉽지 않다는 제 기간 안 졸업을 그것도 만점 학점이라는 성적으로 무사히 마쳤다. 이 결과가 매일 세 시간씩 영어에 노출하며 쌓은 내공 덕분이었음을 부정할 수 없다. 매일 세 시간! 부담스럽다는 것을 알고 있다. 하지만 물러서지 말아야 하는 이유도 있다. 그만큼의 노력과 시간도 투자하지 않고 바랄 수 있는 '끝'이 아니다.

집중듣기를 통해 영어 원서를 현지 또래 수준으로 꾸준히 읽고, 흘려 듣기를 통해 다양한 원음의 소리에 노출되면서 다다라야 할 반디의 목표는 분명했다. 목표라는 것은 완성 가능한 것이어야 하는데 그렇지 못할 가능성이 매우 높아 보인다. 그런데 그 꿈같이 아득하고 멀기만 하던 목표가 어떻게 시간을 쌓았는지에 따라 가능하다는 사실이 확인된 것이다. 아이가 특별해서? 엄마가 영어를 잘해서? 그것이 절대 아니라는 것을 아는 사람은 너무 잘 안다.

"어휴! 하루에 세 시간? 원서 리딩 레벨도 학년이 올라갈 때마다 현지 또래만큼 따라가며 업그레이드해야 한다고? 아이들이 지금 해야 할 일이 영어만은 아니지 않나? 그저 좋아하는 영상 틀어놓고 재미있게 열심히 들으면 안 될까?"

왜 안 되겠는가? 된다. 그런데 그 정도로 되는 수준은 정해져 있다. 더듬거리겠지만 크게 무리 없이 의사소통 가능한 수준 이상은 아닐 것이다. 깊이 있는 대화는 기대할 수 없을 것이다. 영어를 모국어로 하는 현지인들도 서로 의사소통은 가능하지만 삶의 차이는 현저하다. 우리의 목표는 그 정도에서 만족하는 것이 아니었다. 무차별적으로 공급되는 수많은 정보 중 진짜를 가려내는 힘을 길러주고, 그것을 취사선택해서 자신만을 위한 지식으로 재가공하여 받아들인 뒤, 새로운 정보를 창출해내는 데 꼭 필요한 '사고력'까지 기를 수 있는 실천이어야 했다.

영어 사고력, 독서로 키우자

/

잘 알고 있듯이 사고력의 핵심은 '독서'다. 그래서 반디의 영어 습득에 있어 중요한 핵심이 책(원서) 읽기가 되었다. '언어 습득'도 가능하고 제 나이에 맞는 '사고력'까지 향상시켜줄 수 있는 방법이다. 그것을 욕심부려야 했다. 영어 해방은 간절하면서 영어 습득을 위한 계획도 방법도 확신도 없다면 투자 대비 그 결과가 참혹하다. 목표를 분명히 하자. 그리고 그 목표를 완성할 수 있는 방법을 공부하고 실천을 계획하고 아이들과 공유하고 설득하고 희망도 함께 나눠야 한다. 취학 전 아이와는 이 부분이 힘들었다. 그래서 기다린 것이다. 네다섯 살 아이를 앉혀놓고 이 상황을 이해시키고 설득할 자신이 없었으니까.

목표가 정해졌다. 목표로 다가가기 위해서는 목표에 대한 욕심만큼 실천도 욕심부려야 한다. 시작이 중요한 것이 아니다. 시작은 언제든 할 수 있다. 적어도 뇌에 영향을 미칠 만큼 꾸준히 쌓아가는 시간이 필요하다. 꾸준함이 습관을 넘어 일상이 되어야 한다. 그것만이 오랜 희망을 현실로 바꿀 수 있다.

심플한 방법이 최고,
정답은 책이다!

언어를 배우고, 그 언어로 지식을 습득하고 사고를 확장해나가는 정도는 아이마다 차이가 있다. 차이가 생기는 이유는 뭘까? 바로 사고력이다. 그리고 이 사고력은 '책'에서 비롯된다. 물론 책 외에 다양한 경로로 제대로 된 정보에 접근하는 능력이나 그것을 받아들이는 정도의 차이, 자신을 성숙시키는 노력의 차이도 포함될 것이다. 그렇다 하더라도 지식 습득과 사고 확장에서 빠질 수 없는 것이, 빠져서는 안 되는 것이 책이다. 많은 부모들이 유아기부터 책에 신경을 쓰는 이유도 이 때문일 것이다.

우리말을 배우고, 사고를 확장하기 위해서 최우선 순위로 꼽는 것이 책이라면 영어도 마찬가지다. 영어를 대할 때도 단편적인 지식을 전하는 글에서 벗어나 사고를 키울 수 있는 책을 읽어야 한다. 그런데 주입

식 학교교육에 익숙한 우리는 영어교육을 오해한다. 영어도 가르치고 배우기에 알맞은 교재가 있어야 한다고 믿는다. 책 내용을 문장 단위로 조각조각 분리하여 의미를 파악해야 한다고 생각한다. 새로 등장하는 단어는 일대일로 의미를 매치해서 암기하고 문장구조에 대한 문법적 해석을 덧붙여 분석하고 이해해야 안심이 된다. 이렇듯 독서를 학습으로 접근해서 아이들은 내용을 기억하기도 벅찬 영어 학습에 쉽게 지치고 포기하고 마는 것이다.

그래서 나는 '엄마표 영어'를 위한 최고의 방법이 바로 책, 즉 원서 읽기라고 생각했다. 아이가 받아들인 내용을 스스로 분석하고 가공해서 자신이 필요한 지식으로 재생산할 수 있는 '사고력 향상'을 기대할 수 있는 방법이기 때문이다. 우리말이든 영어든 독서의 중요성 또한 여기에 있지 않을까. 사고력 향상!

매일매일 읽는 것이 가장 중요하다
/

반디는 책이 좋아 책에 푹 빠지는 아이가 아니었다. 때문에 책을 좋아하는 아이들에 비해 읽은 원서의 양은 미미하다. 그럼에도 불구하고 끝을 만날 수 있었던 매우 중요한 이유는 분명히 있었다. 제 나이에 맞는 책, 좋은 문장을 담은 책을 골라 매일매일 꾸준히! 우리의 성공 키워드가 이 문장에 다 들어 있다.

제 나이에 맞는 책을 읽기 위해 원어민 또래에 맞춰 리딩 레벨을 해마다 업그레이드하는 것이 중요했다. 좋은 문장을 담은 책을 고르기 위해서 엄마가 할 수 있고, 또 해야만 하는 일인 원서 공부를 열심히 했다. 내 아이의 성향에 맞고 호기심을 가지고 엉덩이 무겁게 집중할 수 있는 책이 어떤 것인지, 재미를 넘어 아이가 때마다 보충해야 하는 부분은 무엇인지 알아야 했기 때문이다. 매일매일 꾸준히! 하루 세 시간 영어 노출, 집중듣기 한 시간, 흘려듣기 두 시간이다.

책이 답이라는 확신과 함께 이 길에서 최선을 다하면 영어 습득은 물론 사고력 향상도 기대할 수 있다는 믿음이 생겼으니 실천만 남았다. 취학 전에는 의도적으로 영어를 멀리하면서 엄마는 영어 공부가 아닌 엄마표 영어를 깊이 들여다보고 공부하면서 확신을 갖고 내 아이에게 맞는 장기 계획을 완성했다. 취학 전에 영어 외에 마음 써야 하는 것들이 무엇인지도 깨달았다. 실질적인 체험, 즉 눈으로 보고 손으로 만지고 몸으로 느끼며 세상을 만나고 이해할 수 있는 시간을 많이 가져야 하는 때였다. 또 우리말 책을 읽어주기 좋은 시기이기도 했다. 이것이 영어 습득에 얼마나 큰 뒷심이 되어주는지 아는 사람은 다 알 것이다.

초등학교 3, 4학년까지는 우리말 책을 접하는 것도 소홀히 하지 않았다. 고학년 이후 본격적으로 단행본 원서 읽기가 익숙해지면서 원서가 우리말과 영어 두 영역에 영향을 미친다는 것을 알 수 있었다. 학교 교육이나 사교육 현장에서 영어학습을 위한 교재로 사용되고 있는, 단편적인 지식을 묶어놓은 짧은 호흡의 학습서로는 기대할 수 없는 결과라 생각한다. 아이는 어떤 책이든 그것을 쓴 작가의 글 자체로 접근하고 받아들이고 사고를 키워나갈 수 있었다. 어느 순간 아이에게 책은 그냥 책일 뿐 영어책, 우리말 책을 구분하지 않았다. 책을 즐기는 아이도 아니고 고학년이 되면서 시간도 여유롭지 않아 책과 함께할 수 있는 시간은 더 줄어들었다. 아이에게 맞는 전략이 필요했다. 이 시기부터 비문학은 우리말 책으로, 문학은 영어 원서로 무게를 분산시켰다. 학년이 차면 책을 읽는 시간을 일부러 만들지 않으면 시간 확보가 어렵다. 습관처럼 매일매일 꾸준히 책과 함께하는 시간은 이미 일상이 되어 있었다. 꾸준한 독서가 힘을 발휘하는 때는 바로 고학년이었다.

문자와 소리에 충분히 익숙해지기

/

엄마표 영어에 대해 열심히 공부하고 반디의 영어 습득을 위해 세워놓은 장기 계획은 무엇일까? 한 줄로 설명할 수 있다. 문자와 소리에 충분히 익숙해지기! 우리말이 안정적인 초등 입학 이후를 시작 시기로 잡고 일차 목표는 차고 넘치게 듣고, 읽기에 시간을 투자하는 것이었다. 수단과 방법도 분명했다. 책과 함께하는 집중듣기, 그리고 영상과 함께하는 흘려듣기다. 소박하게 보이지만 이것이 장기 계획의 전부였다. 이것만 붙들고 가도 넘어야 할 산의 8부 능선은 오를 수 있었다. 책과 함께하는 집중듣기는 끝까지 가져갈 수 있었는데 영상과 함께하는 흘려듣기는 초등 고학년이 되면서 여러 한계로 두 시간을 채우지 못했다.

언어 습득이란 무엇일까? 듣기, 읽기, 말하기, 쓰기가 자유로울 때 언어가 습득되었다고 본다. 모국어는 태어나 일정 기간 듣기에 익숙해지면 자연스럽게 말을 할 수 있게 되고 문자를 익혀 읽으며 마지막으로 쓰기가 되면서 습득이 완성된다. 하지만 모국어가 아닌 이상, 이중언어 환경이 아닌 가정에서 듣기에 이어 말하기가 자연스러워지는 것을 기대할 수는 없다. 이미 문자에 익숙해진 초등 입학 후에 모국어가 아닌 언어를 습득하기 위해서는 순서를 바꿔야 할 것 같았다. 대부분의 경험자들은 인풋이 차고 넘치게 들어가면 아웃풋은 자연스럽게 이어진다고 했고 열심히 엄마표 영어 공부해보니 그럴 것이란 믿음이 생겼다. 그래서 우리는 인풋에 해당하는 듣기와 읽기에 많은 시간을 가지기로 했다. 아웃풋은 자연스러운 방법으로 연결 가능할 때까지 무조건 기다리기로 마음먹었다. 그랬더니 인풋만 4~5년이 걸렸다. 쉽지 않았다. 중간중간 자연스럽게 아웃풋이라 믿고 싶은 현상이 나타나 욕심이 생기기 때문이다.

임계량을 채우려면 많은 시간과 인내가 필요하다. 그래야 연쇄 폭발 아웃풋이 가능하다. 두세 개쯤 들어가면 억지로라도 끄집어내고 싶은 마음을 참아보자. 기대하는 아웃풋이 안 된다고 안달하며 불안해하지도 말자. 참아야 한다.

현명하게 아이를
설득하는 방법

　자, 이제 분명한 목표도 세웠고, 영어는 언어일 뿐이다란 실체도 파악했고 영어를 지식 습득과 사고 확장의 도구로 만들기 위해 어떻게 해야 하는지도 분명해졌으니 당장 아이를 붙잡고 집중듣기, 흘려듣기를 시작하면 될까? 엄마가 가야할 길에 대해 깊이 알지도 못하고 확신도 없으면서 "좋다니까 해라!" 한다면 아이는 엄마보다 더 모르는 길이니 목표도 의지도 없이 "그래. 하라니까 한다!"가 되어버린다. 얼마 못 가서 끌고 가는 엄마도 끌려가는 아이도 지쳐버리고 각자의 핑계를 찾아 포기해버린다. 그런 핑계와 포기가 끼어들 수 없도록 꼭 필요한 사전 작업이 있다.

　엄마가 먼저 확신으로 무장하고 그 확신으로 아이를 이해시키고 설득해야 한다. 어떤 기대 때문에 힘든 시간을 쌓아가야 하는지 희망도 심어주어야 한다. 아이가 상상할 수 있는 미래가 최고점에 이를 수 있도록 끊임없이 칭찬하고 응원하면서 그것을 완성할 수 있다는 확신을 심어 줘야 한다. 실천 방법 또한 엄마보다 아이가 더 잘 알도록 자세히 설명 해야 한다. 그리고 해야 하는 일을 게을리 하지 않겠다는 약속도 손가락 걸고 해야 한다. 이 길에서 오랜 시간 직접 실천해야 하는 사람은 엄마 가 아니고 아이다. 아이가 이 길에 대해 가장 잘 알도록 해주는 것, 실천 보다 먼저 해야 하는 일이다. 엄마표 영어는 엄마만의 짝사랑으로 지속 할 수 없다. 우리의 시작이 늦었던 이유 중 하나다. 아이와 이런 대화가 필요해서 말이 통하는 시기까지 기다려야 했다. 선택도 아이 몫! 실천도 아이 몫! 욕심까지도 아이 몫으로 만들어야 했으니까.

확신이 중요한 현실적인 이유도 있다. 매 순간 수없는 대화와 타협으 로 아이와 밀고 당기기를 해야 할 때 엄마의 확신이 아이를 이해시키고 설득할 수 있었다. 반디는 자신의 능력을 벗어나거나, 시간에 쫓기거나, 자신에게 맞지 않는 방법을 강요하면 단호하게 거부하는 아이였음에도 타협이 안 되는 부분이 무엇인지 스스로 깨닫게 되었다. '해야 하는 것 을 게을리 하지 않는 것'은 절대 타협할 수 없었다. 그 부분은 아이를 이 해시키고 설득해야 한다.

아이들은 엄마의 흔들리지 않는 확신을 정확히 알아차리고 자신이 하고 있는 활동에 믿음이 생기고 안정된다. 3~4년 습관을 넘어 일상으 로 이어지고 어느 순간부터는 아이 스스로도 지금의 노력을 돌려받을 것이라 믿는다. 이 길에서 벗어나는 것을 겁내게 된다.

"자꾸 게을러지면 학원으로 갈 수밖에 없어!"

반디는 이 말을 제일 무서워하면서 학원을 보낼까 봐 열심히 하는 아이였다. 고학년 때 우연한 기회에 학교에서 영어 실력이 드러나며 영어쪽으로 유명해지고 친구들이 가져온 학원 숙제를 해주고는 했다는데 그런 숙제를 하면서 학원을 다니는 친구들이 힘들어보인다고 말했다. 자신이 얼마나 편안하게 영어를 해왔는지 알게 되었다는 것이다.

엄마의 확신 없는 흔들림 또한 아이들은 금방 알아차린다. 엄마가 흔들리면 아이들도 흔들린다. 왜 확신이 중요한지 꼭 기억하길 바란다.

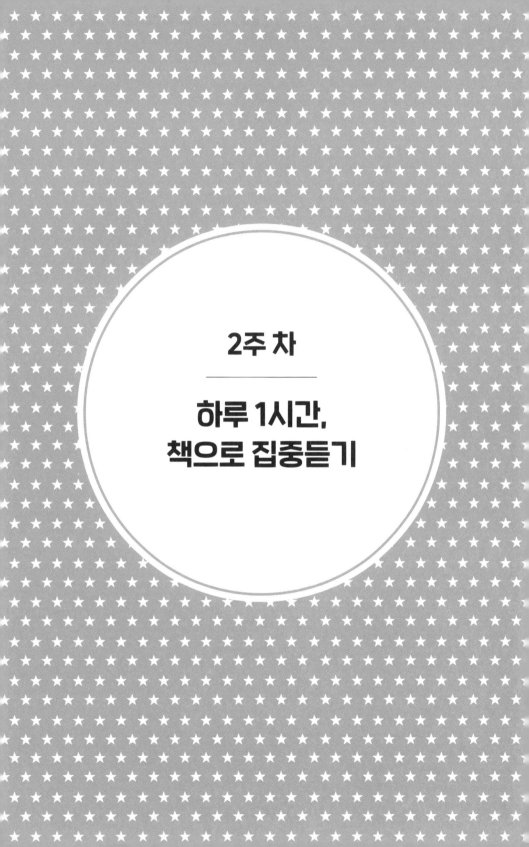

2주 차

하루 1시간,
책으로 집중듣기

1단계 :
원음 소리에 맞춰
단어를 따라가자

우리의 지난 8년의 경험을 바탕으로 집중듣기의 집중에 대한 의미를 확대해봤다. 한 번에 한 호흡으로 집중하는 시간이 최소 한 시간 내외! 하루 중 큰 변동 없이 집중할 수 있는 한 시간을 가장 편안한 시간으로 고정하기! 매일매일 집중듣기 하는 집중 시기도 최소 4~5년 이상 가능한 길게! 이 모든 집중에 자신 있게 집중이라 말할 수 있을 정도로 욕심을 부려야 한다.

하고 싶은 것도 많고 해야 하는 것도 많은 아이들이다. 시간이 없으니, 학원 다녀와 다음 학원 가는 사이 틈틈이? 이렇게 가랑비에 옷 적시는 방법으로 한 시간을 채울 수도 있다. 그런데 가랑비에 옷을 충분히 적시려면 시간도 오래 걸릴 뿐 아니라 잠시 소홀하면 금세 말라버린다. 이런 과정이 반복되면 아이들의 리딩 레벨은 앞으로 몇 발자국 가다가 뒤로 몇 발자국 또는 제자리걸음하면서 초등 3~4학년만 되어도 현지 또래들과의 차이가 생긴다. 꾸준히 해도 리딩 레벨 업그레이드는 늦어지고 사고 수준에 맞지 않는 책을 읽으려니 아이는 흥미를 잃어간다. 영어라서 힘들고 재미없는 것이 아니다. 사고와 맞지 않은 책 내용이 재미없는 것이다. 이런 진행이 익숙해지면 아이도, 지켜보는 엄마도 깨닫지 못하는 사이 서서히 지치게 된다. 리딩 레벨은 일단 벌어지기 시작하면 획기적인 실천 없이 그 간극을 좁히기란 매우 어렵다.

그래서 필요한 것이 소낙비 전략이다. 집중해서 한 자리에서 한 시간, 그것이 매일 같은 시간이면 좋다. 그 한 시간이 쫓기는 일상 틈에 끼어 있는 것이 아니어야 한다. 차분하게 시작하고 마치고 나서 몸과 마음이 편안할 수 있는 여유까지 확보할 수 있다면 더 좋겠다.

누리보듬식 집중듣기란?

/

엄마표 영어의 중요한 실천 방법 중 먼저 책과 함께하는 '집중듣기'다. 책은 당연히 영어 원서를 말하는 것이다. 아이의 영어 해방에 만세를 부르는 그 순간까지 사랑하고 사랑했던 집중듣기였다. 누가? 아이가 아니라 엄마. 집중듣기란 무엇일까? 이 또한 분명한 의미를 전달하고 싶어 정의부터 찾아보았는데 커뮤니티마다 그 의미가 조금씩 달랐다. 검증된 학문으로 정립된 부분이 아니기에 다양한 해석이 공존했다. 어느 곳에서는 소리와 텍스트를 함께하는 것을 집중듣기라 하고 또 다른 곳에서는 책을 읽어주는 오디오 소리나 영상에서 흘러나오는 소리를 집중해서 듣는 것을 의미한다. 어떤 해석이 맞고 틀리다 말할 수 없다. 그래서 우리의 경험을 나누는 블로그와 책에서 수없이 언급했던 집중듣기의 의미를 정확히 해야 했다. 편의상 '누리보듬식 집중듣기'라 이름 붙였다. 『엄마표 영어 이제 시작합니다』와 블로그에서 사용된 집중듣기는 바로 이런 의미를 담고 있다.

'원음의 소리에 맞춰 단어 단위로 텍스트 하나하나를 따라가며 책을 보는 방법!'

이것이 나와 반디가 실천했던 집중듣기다. 엄마표 영어 초창기의 개념과 다름없다.

멀티미디어 동화 사이트로 집중듣기

8년 동안 실천했던 반디의 집중듣기 방법은 활용 매체에 따라 크게 두 파트로 분류할 수 있다. 1년 차인 초등 1학년과 2년 차 이후부터 끝을 만날 때까지다. 간혹 오해가 있는데 집중듣기를 1~2년 하다 그만둔 것이 아니다. 집중듣기는 영어 해방을 선언하는 그날까지, 그러니까 8년 내내 해야 하는 활동이었다.

먼저 1년 차 초등 1학년 집중듣기에 대해 살펴보겠다. 집중듣기 첫 걸음마 단계지만 그 어떤 시기보다 중요했다. 말 그대로 '시작이 반'이기 때문이다. 아이에게 습관으로 정착시켜야 하는 시기다. 성공과 실패를 미리 예측할 수 있는 무서운 1년이다. 일반적으로 이 시기에는 그림책과 리더스북을 활용한다. 하지만 우리는 멀티미디어 동화 사이트를 활용했다. 움직이는 동화책이다. 그림을 보고 원음의 소리를 들으면서 하단에 나오는 텍스트의 단어 하나하나를 손으로 짚어나갔다. 화면 보호 차원에서 미술 붓을 포인터로 활용했다. 아이가 들기도 했지만 거의 엄마가 들고 있었다. 집중듣기 하는 한 시간 가까이 제대로 따라가고 있는지 시시때때로 묻고 싶고 확인하고 싶은 걸 꾹꾹 참으며 아무 말 없이 그저 곁을 지켜줘야 하는 엄마에게 포인터 붓은 묘한 안정감을 주었다. 아이가 눈으로 잘 따라가도 멀뚱히 옆에 앉아 있느니 포인터라도 잡아주자 했다.

멀티미디어 동화 사이트는 2005년 당시 나와 반디가 활용할 때와는 달라졌다. 단계에 따라, 때로는 단어 단위로, 때로는 문장 단위로 노란색 하이라이트 바가 원음의 소리에 맞춰 움직인다는 것이다. 왜 이렇게 바뀌었을까? 소리와 텍스트를 맞추는 것이 효과가 있기 때문이 아닐까? 7주 연속 강의 1기분들의 진행을 보면 공통점을 알 수 있었다. 노란색 하이라이트 바가 소리에 맞춰 자동으로 텍스트를 표시하지만 추가적으로 포인터를 활용한다는 것이다. 포인터로 텍스트를 따라가는 것이 아이의 집중을 유도하기에 좀 더 안정적이고 효과적이라는 경험담을 수없이 들었다.

1년 차 워밍업으로 멀티미디어 동화 사이트를 선택한 것은 몇 가지 이유가 있다. 올 컬러의 그림책이나 리더스북 구입 가격이 만만치 않았으니 비용 절약 차원이 가장 컸을 수도 있다. 집중듣기 한 시간을 채우기 위해 그림책과 리더스북이 몇 권이나 필요할까? 반복을 싫어하는 성향의 아이와 대여 시스템도 여의치 않았던 2005년 당시 매일매일 한 시간을 위해 그 많은 책을 확보하기란 불가능했다. 더구나 반디가 태어난 이후 줄곧 남편 혼자 외벌이였기 때문에 경제적인 부분도 신경 써야 했다. 단지 워밍업 단계에 불과한 그 시기에 무리한 비용을 지불할 마음은 눈곱만큼도 없었다. 시간이 많이 흘렀다. 2005년 우리가 선택했던 동화 사이트 외에 유사한 콘텐츠를 제공하는 사이트들이 많아졌다. 서둘러 결제하고 시작하지는 말자. 각 사이트마다 장단점을 비교해보자. 내 아이와 궁합이 맞을 곳이 어느 곳인지 여러 곳을 둘러보고 결정했으면 한다. 누군가가 활용한 사이트가 내 아이를 위한 정답은 아니라는 것이다. 정답을 쫓지 말고 각자의 해답을 찾아가야 한다.

다시 강조한다. 반디가 실천했던 제대로 엄마표 영어의 본격적인 시작은 챕터북을 만나면서부터다. 그 이전의 영어 노출은 시작이 빨랐어도 늦었어도, 시간이 길었어도 짧았어도 단지 워밍업일 뿐이다. 워밍업에 힘 빼지 말자. 비용도 무리하지 말자. 세월이 흐르며 상황은 더 개선되었다. 지금은 공공 도서관에도 원서가 많이 들어와 도서관 대여도 이용할 만하다. 원서의 중고 거래도 활발해서 저렴한 가격으로 구입하기도 쉬워졌다. 다양한 온라인 대여 서비스도 활성화되어 있다. 그림책과 리더스 등 실물 책으로 워밍업을 하기 위한 비용도 어느 정도 자유로울 수 있겠다. 관심을 가지고 찾아보자. 정보가 없어서가 아니라 관심을 두지 않아 보이지 않는 것이다.

멀티미디어 동화 사이트의 장점

/

1년 차 워밍업 단계를 멀티미디어 동화 사이트를 활용했던 또 다른 이유들을 살펴보자. 첫째, 그림만으로도 내용 이해가 가능했기 때문이다. 취학 전 의도적으로 영어 노출을 피했던 아이였다. 알파벳을 쓰는 것은 고사하고 정확히 기억해서 구분하지도 못하는 상태에서 워밍업을 시작했다. 들려오는 낯선 소리가 단지 소음일 뿐이면 안 된다. 화면만으로도 내용 이해가 되면 엉덩이가 덜 들썩일 것 같았다.

둘째, 이미지와 소리를 매칭시킬 수 있었다. 화면의 이미지에 단어를 매칭시키고 화면에서 나오는 상황에 문장을 매칭시켜 보고 듣는 것이다. 여러 감각을 동시에 활용하면 뇌를 활성화시켜 집중력과 기억력을 높여준다고 한다. 같은 맥락으로 단어를 기억할 때도 그림 카드 등 이미지를 이용한 기억법을 이 시기에는 선호하지 않는가. 이제 막 영어를 시작한 아이가 단어를 그림에, 문장을 상황에 매칭시키며 받아들이기 좋은 매체라 생각했다.

셋째, 장기적으로 흥미를 유지하기 위해서 동적인 부분이 시선을 붙잡기 유리했다. 그림책이나 리더스북은 움직이지 않는다. 한 시간을 엉덩이 무겁게 집중하는 습관을 만드는 것이 중요했다. 선택 가능한 상황이라면 아이가 더 재미있어 할 매체여야 했다. 매일매일 해도 덜 지루해 흥미를 유지할 수 있으니까. 첫해의 집중듣기 목적은 분명했다. 아이가 동화 내용을 이해하는 것이 목표가 아니었다. 단어를 기억하고 문장을 따라 말하는 것이 중요하지 않았다. 집중듣기 한 시간을 습관을 넘어 자연스러운 일상으로 만드는 것. 엉덩이 무겁게 앉아 글자와 소리에 익숙해지는 것. 워밍업 때 자리 잡아야 하는 목표다.

집중듣기 실천 노하우
/

1년 차 반디의 집중듣기 실천 모습을 요약해보겠다. 집중듣기를 하는 한 시간 동안 아이는 혼자가 아니었다. 그 시간만큼은 만사 제쳐두고 아이 곁을 지켰다. 약속한 한 시간은 엄마와 함께했고 더 보고 싶거나 게임이나 동요로 놀고 싶으면 그 다음은 얼마든지 혼자 했다. 계획할 시간은 동화를 보는 한 시간이었다. 게임이나 동요 등 놀이로 접근하는 것은 집중듣기에 포함시키지 않았다. 그건 놀이니까. 그런데 반디 같은 경우 혼자 두면 놀이에도 오래 집중하지 못했다. 아이 성향인지 늘 엄마와 컴퓨터를 하던 습관 때문인지, 열심히 장단 맞춰주는 엄마가 없으면 이것저것 클릭하다 금방 흥미를 잃어버리고 전원을 꺼버렸다.

동화를 보고 듣고 짚어나가는 이외의 활동은 하지 않았다. 각 동화별 부가 활동도 있었는데 대부분 관심 두지 않았다. 단어장도 있었지만 의도적으로 피했다. 퀴즈 또한 의무가 아니어서 자주 접한 기억이 없다. 학년이 어느 정도 올라간 뒤, 방학을 이용해 새롭게 나온 높은 단계를 짧은 시간에 한꺼번에 했는데 그때서야 퀴즈를 풀었다. 풀라고 잔소리하지 않아도, 아이는 스스로 퀴즈에 집중하곤 했다. 하지만 내 이야기만 듣고, '우리 아이도 퀴즈 안 풀어도 되겠구나.' 하며 아이의 의지를 막지는 말았으면 한다. 내 아이에게 맞는 융통성을 발휘하면 된다.

6개월 이상 매일 한 시간씩 무작정 보고 듣다 보니 단계가 점점 높아졌다. 6단계에 들어가니 아이가 어려워했다. 당시에는 동화가 800편 정도였고 지금은 3000편에 가까우니 단계 부담 없이 다져갈 수 있을 것이다. 굳이 무리하지 않기 위해 처음으로 돌아와 원문을 인쇄해놓은 것으로 복습을 시도했다. 대부분의 동화를 원문만 인쇄, 제본해서 활용한 시기다.

화면 없이 원문 인쇄한 것과 원음을 다운받은 것을 이용해 집중듣기 복습에 들어갔다. 초기 단계 짧은 동화는 아이가 더듬거리며 읽기 시작했다. 스스로 읽을 수 있다는 것이 신기했는지 신나게 읽다가 얼마 못 가서 힘들다고 하지 않았다. 2년 차에 약간의 강제성을 가지고 음독을 시도했지만 아이가 강하게 거부해서 결국 소리 내서 책을 읽는 모습을 보았던 것은 이때뿐이었다. 그렇게 원문을 인쇄한 것으로 읽기와 집중듣기를 병행하며 복습했다.

파닉스,
언제 정리해야 좋을까?

6세 딸 아이와 엄마표 영어를 실천한지 이제 1년 차가 되었습니다. 지금은 그냥 영어 노래 틀어 주고 영어책 읽어주는 수준으로만 진행하고 있어요. 아이도 영어책을 싫어하지는 않는 눈치예요. 그런데 요즘 알파벳을 구분하는 방법을 공부시켜야 하나 고민이 됩니다. 저는 자연스러운 영어 노출로 파닉스는 금방 습득할 거라고 생각을 했었거든요. 조바심이 드는 요즘, 어떻게 해결하면 좋을까요?

반디는 엄마표 영어 1년 차 하반기에 파닉스를 정리했다. 처음 집중듣기를 시작할 때 아이는 알파벳 26글자에 대한 인식은 있었는데 쓰기는 물론이고 일부분은 확실하게 구분이 힘든 상태였다. b도 b고, d도 b고, 심지어 p, q, g도 떨어뜨려 놓으면 헷갈리는 수준이었다. 집중듣기를 6개월 정도 진행하니 반복되는 노출로 눈에 익숙한 단어가 생겼다. 더 듣거리며 짧은 동화를 읽을 줄도 알았다. 이때 파닉스에 들어갔다. 늦게 시작해서 짧고 가볍게 해결할 수 있었다. 키즈 클럽 사이트에서 무료로 다운 가능한 파닉스 관련 간단한 워크지를 인쇄해서 활용했다. 알파벳 쓰기도 이때 처음 시작해서 익혔다.

서둘러 영어 노출을 선택한 영유아기 아이들이 재미와 흥미를 위해 동요나 챈트를 이용한 파닉스 익히기로 영어에 접근하는 경우가 많다.

아마도 유사한 활동이 반복되며 시간도 꽤 걸리는 듯하다. 반디는 이미 한글에 익숙한 상태였다. 한글의 자모음과 연결해서 발음 규칙을 설명해주고 익숙한 단어들을 직접 발음해보면서 각 글자가 가지고 있는 소리를 이해하는 방법으로 한 달 안에 간단히 짚어주었다. 단어의 뜻을 외우거나 스펠을 암기하지는 않았다. 직접 발음해보는 단어들은 이미 아이에게 어느 정도 익숙한 단어들이었다. 아무리 파닉스를 깊이 배우고 익혔다 해도 전체 영어의 70% 정도만 그 규칙이 적용된다. 나머지는 문장 안에서 만나며 익혀야 한다. 파닉스에 시간을 많이 들이지 않아도 집중듣기를 통해 어렵지 않게 자리 잡을 것이라는 믿음이 있었다.

2011년 파닉스와 음독에 대해서 생각의 전환을 가져온 학술 논문이 발표되었다. 뉴질랜드의 두 대학에서 공동 연구해서 한 저널에 발표한 것이다. 주요 내용은 이랬다. 아이들은 읽는 것을 배우기 위해서 파닉스나 소리 내어 읽는 법(음독)을 익힐 필요가 없다는 것이다. 소리 내서 책을 읽으면 생소한 단어를 발음할 때 오히려 부정적인 영향을 줄 수 있다고 한다. 소리를 통해 글을 배우면 어떤 소리를 어떻게 읽는지에 대한 '인식 발자국'이 각인돼 새로운 단어와 마주쳤을 때 어려움을 겪는다는 것이다. 특히 이 논문의 결론이 짜릿했다. 파닉스나 음독 등의 의도적인 발음 중심 어학교수법이 독서 능력을 키우는 데 도움이 되지 않는다는 것이다. 독서 능력 향상을 위해 필요한 것은 꾸준한 책 읽기이며 그것이 독서의 속도를 빠르게 할 뿐 아니라 단어 인식도 높이고 새로운 단어를 더 빨리 배운다는 것이다. 궁극적으로 내가 원했던 것은 아이가 유창한 발음으로 영어책을 소리 내서 읽는 것이 아니다. 아이가 원서를 읽어나가며 나이에 맞는 독해력을 쌓아가는 것이다. 그것을 위해 반드시 파닉스를 배우고 음독을 해야 할 이유가 없었던 것이다. 파닉스 관련 블로그 포스팅을 하다가 우연히 발견한 논문인데 우리가 이런저런 이유로 하지 못한 것 또한 괜찮다는 걸 확인한 짜릿함에 반디에게 번역해달래서 열심히 읽었던 기억이 있다.

무조건 이렇게 하라는 것이 아니다. 오해하지 않기를 바란다. 우리는 파닉스를 간단히 넘어가도 좋을 만큼 시작이 늦었다. 이미 한글의 구조를 알고 있는 아이였기에 설명으로 이해시켰던 것이다. 그리고 이후에 집중할 집중듣기에 대한 믿음이 있었다. 보고 싶은 것만 보고 듣고 싶은 것만 듣지 말자. 하지 않아도 되는 것을 손 놓고만 있지 말고, 안 해도 괜찮을 만큼 다음을 준비해야 한다. 파닉스를 하지 않아도 집중듣기에 구멍을 만들지 않겠다고 생각했다면 그만큼 집중듣기에 정성을 들여야 한다는 것이다. 안 하는 건 하지 않고 집중듣기에도 정성을 들이지 않는다면 결과는 더 나빠질 수 있다. "그것 봐라! 파닉스를 하지 않으니 영어책 못 읽잖아."하며 도돌이표 후회를 만날지도 모른다.

개인적인 생각을 추가해본다. 멀티미디어 동화 사이트를 1년 이상 지속하는 것은 추천하지 않는다. 워밍업 단계 이후에 활용하기에는 아쉬움이 있다. 이런 사이트들의 부가 서비스는 욕심낼 만하다. 아직 아이에게 어려운 단계의 동화들까지 원문으로 오디오와 함께 다운로드도 가능하다. 이후 학년에 맞게 활용하기 위해 사전 확보가 가능하다는 것이다. 엄마가 조금 부지런해지면 1년만으로도 제공되는 콘텐츠를 충분히 누릴 수 있다.

엄마표 영어의 핵심은 텍스트 위주로 구성된 책다운 책, 가능하면 현지에서 충분히 검토하고 출판된 책, 좋은 책으로 인정받은 책을 만나는 것이다. 동화 사이트는 제대로 절차를 거쳐서 나온 현지 출판물과는 느낌이 다르다는 후기도 종종 보이니 참고해야 할 사항이라 생각한다. 또 한 가지, 챕터북으로 자연스럽게 넘어가기 위한 워밍업 단계인데 긴 시간을 허비할 필요는 없지 않을까? 물론 워밍업을 7년이나 5년, 또는 3년 등 길게 잡았다면 할 말은 없다. 다만 멀티미디어에 오래 의지하면 텍스트 위주의 책으로 무난히 넘어가기 어렵다는 부작용도 생각해야 한다.

2단계 :
책의 레벨을
업그레이드하자

이제 엄마표 영어 2년 차부터 영어 해방까지의 집중듣기를 살펴보겠다. 각별히 마음 쓰며 습관으로, 일상으로 자리 잡은 첫해가 지나고 2년 차부터 끝을 선언하는 그날까지 집중듣기 방법은 늘 한결같았다. 해마다 아이의 레벨에 맞고 아이가 흥미 있어 할 내용으로 좋은 문장을 담았다고 믿는 책을 선택해서 매일매일 원음의 소리에 맞춰 책 내용을 눈으로 따라간다. 눈치 빠른 분들은 보이는 것이 있을 것이다. 이 문장 안에 이 길에서 놓치면 안 되는 성공 키워드가 전부 들어 있다. 2년 차부터 영어 해방의 그날까지 절대 놓치지 말고 붙잡고 가야 할 것들이다.

첫해를 헛되이 보내지 않았는지 소리에 맞춰 텍스트를 따라가는 동작은 익숙함을 넘어 습관이 되었다. 포인터 필요 없이 오디오를 틀어놓고도 소리에 맞춰 텍스트를 눈으로도 잘 따라갔다. 집중듣기를 위한 책도 명확하게 계획해두었다. 1학년, 멀티미디어 동화 사이트 집중듣기. 2~3학년, 챕터북 시리즈 집중듣기. 4학년, 작가별 단행본 집중듣기. 5~6학년, 뉴베리 수상 작품 집중듣기. 이 계획은 엄마표 영어 시작 전에 장기 계획을 세우며 만든 것으로, 진행하면서 상황에 따라 조금씩 수정되었다. 예정에 없었던 미국 교과서도 들어가고 아이의 성향이 반영된 비문학도 추가했다. 하지만 어떤 책을 선택하든 리딩 레벨은 이 기준에서 크게 벗어나지 않았다. 가장 중요한 핵심은 해마다 책의 레벨을 업그레이드하는 것이다. 제 학년에 맞는 책으로 꾸준히 독해력을 쌓아가기 위해서다. 다시 강조하지만 이것이 성공의 핵심 키워드다.

챕터북, 언제부터 시작해야 좋을까?

집중듣기의 활용 매체가 달라지는 2년 차 또한 1년 차 못지않게 중요하다. 1년 동안 지루하지 않은 멀티미디어 동화 사이트로 집중듣기 워밍업을 했으니 책 읽기를 위해 챕터북으로 갈아타야 하는 시기다. 아이가 좋아한다고 또 영어는 무조건 재미있어야 한다고 책으로 넘어가는 시기를 미루거나 놓치는 건 위험하다. 학년과 리딩 레벨의 차이가 벌어지는 위험이 시작된다. 우리의 목표는 영어권 나라에서 출판된 원서를 제 또래에 맞는 독해력을 위해 제때에 이용한다는 것임을 잊으면 안된다.

반디는 초등 2학년부터 챕터북을 시작했다. 1기분들의 경험을 참고하면 7세에 본격적인 워밍업을 한다면 정성에 따라 1학년 초에도 챕터북 진입이 무난했다. 워밍업으로 어떤 시간을 보냈는지에 따라 챕터북 진입 시기가 달라진다는 것이 확인되었다. 반디 때보다 접근 방법이나 매체도 다양하고 인지 발달면에서도 요즘 친구들이 빠르다는 것을 종 종 느끼게 된다. 언제가 되었든 본격적인 시작인 챕터북으로 갈아타야 하는 시기에 마주치는 불안과 의심은 각자 해결해야 한다. 싸워 이기든 친구 삼아 같이 가든 둘 중 하나다. 나는 싸워 이길 자신이 없어서 그냥 친구처럼 끝까지 같이 갔다.

챕터북은 어떤 책일까? 거친 종이에 검정색 글씨만 가득하고 삽화는 몇 페이지 건너 하나씩인데다 오디오 소리만으로 텍스트를 맞춰가야 한다. 그것도 한 시간 가까이 멈춤 없이 한 호흡으로. 아이가 할 수 있을 까? 어려워하면, 지겨워하면 어쩌지? 별별 불안이 다 생긴다. 아이가 때 에 맞춰 페이지는 잘 넘기는지 얼마나 이해하고 있는지 의심이 마구마 구 커지는 시기다. 그 의심 줄여보자고 이 시기 집중듣기 시간을 아이 와 함께했다. 문제는 머릿속이 복잡한 엄마가 오히려 따라가지 못한 것 이다. 잡생각의 공격도 모자라 졸다 깨다를 반복했으니 아이에게 많이 미안했다. 압박인지 응원인지 모호했지만 1년 가까이 챕터북 집중듣기 하는 아이 곁을 지켰다. 아이가 싫어했다면 그 시간에서 빨리 해방됐을 텐데 졸고 있는 엄마라도 옆에 있는 게 좋았는지 집중듣기를 준비한 뒤 엄마를 꼭 찾았다.

매일매일 장기간 채워야 하는 시간이다. 잘 이해도 되지 않는 초기에 는 지루한 시간을 혼자 이겨내기란 쉽지 않다. 내 미래를 위해 도움되는 일이다. 힘들어도 단단히 마음먹고 열심히 해야 한다. 이런 동기부여를 스스로 가지기에는 이른 나이였다. 아이가 주체가 되어야 하는 것은 분명하다. 그렇다 해도 가까이에서 지켜보고 응원한다고 느껴지면 견디기 좀 낫지 않을까? 그래서 긴 시간 정성 들여야 하는 활동을 직접 가르치지는 못했지만 곁에서 있는 건 참 잘했다. 그것만 해주면 됐으니까.

"피아노 연습해." 하고 아이 혼자 피아노가 있는 방으로 등을 떠미는 것이 아니었다. "연습하자." 하고 같이 들어간다. 수시로 틀려서 짜증이 왈칵왈칵 올라와도 매일 40분씩 연습 내내 곁을 지켰던 이유이기도 하다. 혼자 연습하는 아이가 뭐가 재미있을까? 잘하고 싶다는 생각이 들까? 몰라서 참견하지 못하는 엄마가 아무 말 없이 열심히 귀 기울여 자기 연주를 들어주면 그래도 좀 낫지 않을까? 나중에 아이가 지친 일상을 마주해야 하는 날들이 오면 음악이 위로가 되고 친구가 되어주길 바랐다. 악기 또한 장기적으로 정성을 들여야 한다. 그 기대가 현실이 되기 위해서는 영어만큼 시간과 정성을 쏟아야 한다. 남들 시키는 거 그냥 따라 하다 적당할 때 그만둘 게 아니라면 악기도 습관을 넘어 일상이 되는 시간이 필요하다. 그래서일까? 악기와 영어는 많이 닮았다 생각한다.

그렇게 정성 들인 시간이 나란히 8년이었다. 영어도, 피아노도. 영어가 편안한 아이, 음악이 위로가 되는 삶, 지금의 반다다. 영어 실력이 바닥인 엄마와 함께해도 가능한 영어 해방이었다. 피아노를 배운 기억이 전무한 엄마와 함께해도 편안하게 즐기는 연주가 위로가 되는 오늘이다. 가르치는 것이 아니라 함께하는 방법을 선택했던 덕분이다.

가장 효율적인 챕터북 활용법

/

2년 차 집중듣기 몰입 시기에는 30권 이상 되는 챕터북 시리즈 다섯 세트를 활용했다. 대부분의 책이 100페이지가 넘지 않았고 오디오 시간은 한 시간 내외였다. 반복을 싫어하는 반디의 성향을 고려해서 바로 반복하지는 않았다. 두세 시리즈를 끝내고 난 뒤 한 번 더 반복한 세트도 있고 아이가 원하지 않아 한 번으로 끝낸 세트도 있다. 1년 차에 멀티미디어 동화 사이트의 원문을 인쇄해두었다가 1년 차에 어렵다 생각되었던 글밥 많은 상위 단계를 이 시기에 활용했다. 유료 가입은 끝났지만 원문도 원음도 가지고 있었다. 열심히 인쇄하고 음원 다운 받아 놓은 것을 챕터북 시리즈와 같이 활용했다. 여러 편으로 나눠 게시된 것을 한꺼번에 제본해서 한 권의 책으로 만들어놓으니 2년 차 집중듣기로 활용하기 적당했다.

우리 집 집중듣기에는 철칙이 있었다. 매일 책 한 권씩 일단 시작하면 한 번에 쉬지 않고 끝까지! 초기에 활용한 챕터북은 전체 내용이 45분 이상 60분 안쪽으로 한 시간을 채우기 힘들었다. 챕터북 시작 단계에는 한 시간을 욕심내기보다 책 한 권을 한 호흡으로 가는 안정을 우선시했다. 초기 진행은 책 한 권으로 집중듣기를 마쳤다. 이렇게 한 시간 가까운 집중듣기가 습관화되니 이후 오디오 시간이 두세 시간 되는 책을 볼 때도 집중듣기 시간은 늘 한 시간이었다. 재미있으면 더 하려나 기대했지만 기막히게 시간에 맞춰 챕터를 나누어 듣고 끝냈다. 그런데 이것도 습관이 되니 집중듣기 하는 한 시간은 어떤 주변의 소리에도 흐트러짐 없이 완벽한 집중을 보였다.

　반디의 몸도 마음도 편안하고 중간에 아빠의 퇴근으로 방해받지 않는 가장 집중하기 좋은 시간을 고정해놓았다. 습관을 유지하기 위한 좋은 방법이었다. 이 시기 아빠의 퇴근이 늘 늦었던 것이 오히려 고마웠던 우리. 초기에는 1년 차 집중듣기처럼 저녁 식사 전이었다가 좀 더 차분한 집중을 위해 어둠이 내린 저녁 식사 후로 시간을 옮겼고 그 시간은 아이의 일상에 녹아들었다.

아이가 책이 아니라
그림만 본다면?

●

초등 1학년 아이와 집중듣기를 시작했는데 아이가 자꾸 글자를 안 보고 그림만 봐요. 옆에서 글자 짚어주다가 눈이 그림을 향해 있는 아이가 보여 윽박지르고 글자를 보라고 화를 내는 제가 스트레스예요. "처음은 그림 보고 두 번째 읽을 땐 글자 볼까?"라고 해도 애가 그림만 봐요. 그냥 옆에서 계속 글자를 짚어주면 글자를 보게 될까요? 불안한 마음이 계속 생겨서 문의드려요.

『엄마표 영어 이제 시작합니다』 출간 후, 멀티미디어 동화 사이트를 이용한 집중듣기에 도전하는 집이 많다는 것을 알게 되었다. 책에 쓴 방법대로 집중듣기 하는 것이 어렵지 않다고 생각되는 것 같다. 원서를 구입해야 하는 것도 아니고 가입만 하면 바로 할 수 있으니 시작이 쉽다. 그런데 실행에 옮겨보니 생각만큼 아이가 따라주지 않아 이대로 괜찮을까 싶은 불안과 의심이 생긴다. 먼저 위로를 드리자면 아주 당연히, 어쩌면 누구에게나 나타나는 불안이고 의심이다. 나도 그랬다. 긴 시간을 진행하면서 다양한 불안과 더 큰 의심들이 그만 포기하라고 유혹할 거다. 그 불안과 의심을 이겨내려 해도 이길 수 없으니 그냥 친구처럼 곁에 두고 가야 한다.

집중듣기를 막 시작하면서 공통적으로 반복되는 질문이 두 가지 있다. 첫째, 집중듣기 방법은 원음의 소리에 맞춰 텍스트를 맞춰나가는 것인데 아이의 눈이 자꾸 그림에만 머물고 있다. 둘째, 반복을 해야만 좀 더 알아들을 것 같은데 반복 없이 진행하는 것이 맞는가? 이 부분을 풀어보겠다.

집중듣기는 원음의 소리와 텍스트를 맞춰야 하는데 아이의 눈이 자꾸 그림에만 머물고 있다. 이제 막 집중듣기를 시작한 아이가 글자보다 그림에 눈이 가는 것은 너무도 당연하다. 더해서 초기에는 내용을 이해하지 못하는 것 또한 당연하다. 집중듣기 방법이 소리와 글자를 매치시키는 활동임은 분명하지만 처음부터 그것이 자연스럽기를 바라는 것은 욕심이다. 반디가 1년 차에 멀티미디어 동화로 워밍업 한 이유는 집중듣기 한 시간 동안 엉덩이 무겁게 참는 인내력을 쌓기 위해서였다. 2년 차에 텍스트 위주로 편집된 챕터북을 그림이나 영상 없이 원음의 소리에 맞춰 진행해야 하니까. 한 권의 책을 시작하면 끝까지 쉼 없이 한 시간 가까이 진행해야 하는 그 연결이 매끄러워야 하니까. 그래서 소리와 함께 읽는 한 시간을 습관으로 만드는 것이 워밍업 단계의 목표였다. 챕터북을 보기 시작할 때가 본격적인 시작이기 때문이다.

꾸준히 시간을 쌓다 보면 집중듣기 하는 아이 시선의 변화를 느낄 수 있다. 여기서의 꾸준히는 일주일, 이주일이 아니다. 아이마다 다르고 쌓은 시간에 따라 다르겠지만 최소 몇 개월 이상은 되어야 보일 것이다. 화면의 그림만 보던 아이가 텍스트에 시선이 갔다 다시 돌아오고 그 시간이 또 쌓이고 쌓이면 그림보다 텍스트에 더 오랫동안 시선을 두게 된다. 곁을 지켜주는 엄마는 아이의 변화를 인내심을 가지고 지켜보면서 아이에게 어떤 기대 때문에 집중듣기를 하는지, 어떻게 해야 하는지 지속적으로 이해시키고 설득하는 세뇌가 필요하다. 더해서 엄마가 포인터를 들어주는 수고도 도움이 된다. 직접 해보면 아이가 포인터를 들고 진행하는 것이 쉽지 않음을 알게 된다. 반디는 포인터를 들고 있었던 적이 거의 없다. 포인터는 늘 엄마 손에 있었다. 엄마가 이 길에 대해 잘 아는 것은 물론 분명한 확신을 가져야 한다는 잔소리를 왜 자꾸 하는 걸까? 엄마도 잘 모르는 길, 확신조차 없다면 때마다 만나게 되는 작은 벽도 넘을 수 없다. 아이를 이해시키고 설득시키고 세뇌에 가깝게 이야기해줄 수 없다.

그렇게 시간을 쌓아가는 과정에서 그림과 매칭되는 단어를, 상황에 매칭되는 문장을 이해하는 것이다. 그것이 안정되었을 때 2년 차 텍스트로 넘어가 그림 없이도 글자와 소리를 한 시간 가까이 맞출 수 있게 된다. 1년 동안 습관이 제대로 잡혔다면 포인터 필요 없이 눈으로만 따라가도 놓치지 않는다. 아이에 따라 눈으로만 따라가는 것이 1년이 걸리지 않는 경우도 있다. 잘 따라간다 싶으면 포인터를 놓아도 된다. 첫 술에 큰 욕심은 내려놓고 시간의 힘을 믿어보기 바란다. 대신 그 시간을 습관을 넘어 일상으로 꾸준히 쌓아야 하는 것은 필수다. 아이에게도 지금의 현상이 자연스럽다는 것을 이해시키고 점점 글자에 시선이 가기를 바란다는 응원도 듬뿍 해주어야 한다. 집중듣기의 장점을 충분히 들여다보고 이야기를 나누면서 그 시간을 채우기 위해 어떤 노력을 얼마만큼 해야하는지 차근차근 알려주어야 한다. 그렇게 꽉꽉 눌러 채운 시간이 아이의 멀지 않은 장래에 얼마나 커다란 힘이 되어주는지도 다양한 사례로 제시해주어야 한다. 아이 스스로 욕심낼 수 있도록 도와주어야 하는 것이다. 이 길에서 영어를 못하는 엄마가 할 수 있는 일이다.

워밍업 단계에서 그림책이나 리더스북을 활용하더라도, 멀티미디어 동화 사이트를 이용하더라도 틈틈이 환기가 필요하다. 한 시간을 채우기 위해서는 꽤 많은 양의 책을 봐야 한다. 그래서 반디 같은 경우 첫 시작 후 숨돌릴 틈 없이 지속적으로 책만 본 것이 아니다. 엄마가 옆에 앉아 아이가 한 시간 동안 집중할 수 있도록 동화가 끊어지는 사이사이에 주의 환기 차원에서 이런저런 이야기를 나누기도 했다. 단어나 내용을 확인하는 이야기가 아니다. 일반적인 학교생활이나 친구들에 대한 이야기였다. 짧은 몇 마디로 끝내고 다음 동화를 이어보는 식이었다. 자막 없이 영상만으로 한 번, 텍스트 함께 한 번 더, 이런 식으로 진행하며 아이와 타협이 되는 선에서 그때그때 변화를 주기도 했다. 반복을 좋아하지 않는 것을 넘어, 싫어했던 반디 성향상 영상으로 한 번 더 텍스트로 한 번 더는 자주 있는 일이 아니었다.

반복을 해야 좀 더 알아들을 것 같은데 반복 없이 진행하는 것이 맞는 건가? 반복 패턴은 아이의 성향에 따라주는 것이 좋다. 반디는 반복을 싫어했고 굳이 반복하지 않아도 좋을 만큼 많은 동화가 있었기에 반복 없는 진행이었다. 책으로 이 성향을 맞추려면 책 값이 만만치 않았을 것이다. 1년 차 워밍업 단계에 그림책과 리더스북을 사지 않고 멀티미디어 동화 사이트를 이용했던 이유도 아이의 성향을 알았기 때문이다.

반복을 좋아하는 친구들도 있다. 그런 친구들과는 반복을 하면서 진행해도 나쁠 것이 없다. 지나친 반복이 아니라면 괜찮지만 때에 따라 암기에 가깝게 반복하고 싶어 하는 경우도 있다. 그럴 때는 이유를 살펴봐야 한다. 내용이 확실하지 않으면 그냥 넘어가는 것을 힘들어하는 아이의 성향 때문인지, 그 성향이 그런 진행을 유도한 엄마의 영향 때문은 아닌지 생각해보자. 때로는 매체 확보가 충분하지 않아 엄마의 강요로 그러한 습관이 생기는 경우도 있다. 새로운 동화가 무궁무진하다면 같은 문장, 같은 단어를 반복하는 것보다 새로운 이야기를 만나는 것이 더 흥미롭지 않을까? 매일 반복 없이 진행 가능한 매체 확보가 되어 있다면 다양함을 추구하는 쪽으로 유도해보자. 이 모든 것을 누구보다 잘 알고 조율할 수 있는 것은 곁에서 아이의 진행을 지켜보았던 엄마뿐이다. 왜 이 방법 앞에 '엄마표'가 붙겠는가!

본격적으로 책다운 책을 만나야 하는 2년 차를 위해, 워밍업 단계에서 엉덩이 무겁게 한 시간을 앉아 있을 수 있는 힘을 길러주기 위해 동화 사이트를 활용했다. 이 단계를 그림책이나 리더스북으로 활용하는 분들도 많다는 것을 잘 안다. 내 아이를 일반화에 맞추지 말고 누군가 성공했다는 방법을 따라 하지 말고 아이의 성향을 고려해서 각자만의 방법을 찾아야 한다. 그러기 위해서 이 단계에 욕심을 부려야 하는 것이 무엇인지 분명히 중심을 잡고 경험자들의 이야기를 많이 참고해야 한다. 실제로 이 단계의 경험을 가장 많이 찾을 수 있을 것이다.

3단계 :
아이 스스로
집중듣기 해보기

3년 차부터는 책의 레벨이 높아지며 글밥이 늘어날 뿐 매체가 달라지지는 않는다. 책의 형태 변화가 없다는 말이다. 그래서 진행 방법 또한 2년 차 이후부터 완성에 이를 때까지 변함이 없었다. 2년 차에 활용했던 챕터북 시리즈를 포함해서 이후에 읽은 시리즈물도, 작가별 단행본도, 뉴베리 수상 작품도, 하다못해 고전까지 모두 챕터북 형식이다. 때문에 2년 차에 챕터북이 안정되면 이후의 책 모두 큰 변화 없이 차근차근 레벨만 놓치지 않고 따라가면 되는 것이다.

1년 차는 2년 차 챕터북 집중듣기를 위한 워밍업이었다. 한 시간을 소리와 텍스트에 집중할 수 있는 힘을 길러주는 시기다. 본격적인 엄마표 영어의 시작은 2년 차 챕터북을 만나면서부터다. 2년 차 이후에는 큰 변화 없이 꾸준함만 지키면 된다. 2년 차에 챕터북 집중듣기가 안정되어야 하는 중요한 이유다. 집중듣기 실천에 있어 왜 유난히 1년 차와 2년 차를 강조하는지, 왜 가장 중요한 시기라 하는지 마음에 와닿았으면 한다.

그렇게 2년쯤 정성을 들여보자. 3년 차부터는 습관을 넘어 일상이 된다. 엄마가 곁에 있지 않아도 굳이 시간을 따져 챙기지 않아도 정해진 시간에 집중듣기 한 시간은 자동으로 진행된다. 반드시 해야 하는 하루 일과 중 하나가 되었으니 빨리 끝내버리면 편하다는 것도 알게 된다. 드디어 아이가 혼자 뚜벅뚜벅 걸어가기 시작하고 엄마는 아이 뒷모습을 보며 흐뭇해도 좋을 시기, 그저 그 뒷모습에 응원을 보내면 되는 근사한 시기가 찾아온다.

엄마 혼자만 알고 있는 길로 아이를 끌고 갈 수는 없다. 그래서 집중듣기를 시작하기 전에 아이와 함께 우리가 진행할 방법에 대해 많은 이야기를 나누었다. 그때 약속한 것이 있다. 시작 후 차츰 늘려간 것이 아니고 처음부터 한 시간이었으니 사전 타협이 꼭 필요했다.

"책만 보면 되는 거야. 아무런 추가 활동 없고, 숙제도 없고, 단어 공부도 따로 하지 않아도 되고. 그렇지만 하루 게으름을 피우면 이틀 뒤로 물러난 상태가 되니 매일 한 시간씩은 꼭 해야 하는 거다."

이 말을 얼마나 귀에 못이 박히게 했는지 어느 날 학교에서 돌아온 아이가 말했다.

"오늘 학교 계단에서 엄마가 하는 말하고 똑같은 말 봤어. 오늘 걷지 않으면 내일은 뛰어야 한다!"

그 당시 아이가 다녔던 초등학교 계단에는 다양한 명언이 붙어 있었는데 그걸 보는 순간 응원인지 협박인지 모호했지만 아이는 엄마가 세뇌에 가깝게 반복했던 말을 떠올렸던 것이다. 이후 우리는 이 말을 엄마표 영어를 함께하며 늘 주문처럼 외웠다.

책을 읽고 나서는 의미를 파악했는지도 확인하지 않았다. 아이는 집중듣기가 끝난 뒤 바로 자기 느낌이나 생각을 이야기하는 성향이 아니었다. 집중듣기가 끝나면 그것으로 그만이었다. 같은 책을 두 번 연이어 보는 일도 없었다. 그러다 어느 날 문득 며칠 전에 읽었던 책에 대해 뜬금없이 이야기를 꺼내고는 했다. 기다렸다는 듯이 그 말에 적극적으로 대꾸해주는 것이 중요한 역할이었다. 주고받는 말 속에서 아이가 어느 정도 의미 파악이 되었는지 미루어 짐작할 수 있었다. 물론 엄마는 책 내용을 자세히 알지는 못하지만 집중듣기를 같이 했으니 줄거리 정도는 파악이 끝난 상태였다. 3년 차부터 레벨이 높아지며 집중듣기 하는 아이 곁을 지키는 것이 엄마에게 곤혹스러운 일이 되어버렸다. 결국 함께하지 못하고 아이 혼자 가야 했다. 하지만 엄마가 영어를 몰라도 집중듣기를 함께하지 못해도 아이가 읽는 책에 관심만 가지면 되었다. 전문 서점이나 경험자들의 친절한 블로그를 참고하면 충분히 가능한 대화였다. 이 시기부터는 영어 습득을 위해 시간을 쌓아가는 아이 곁에서 함께 해주는 역할만 했다. 일상으로 만들며 시간을 채우는 것이 완벽하게 아이 몫으로 넘어간 것이다.

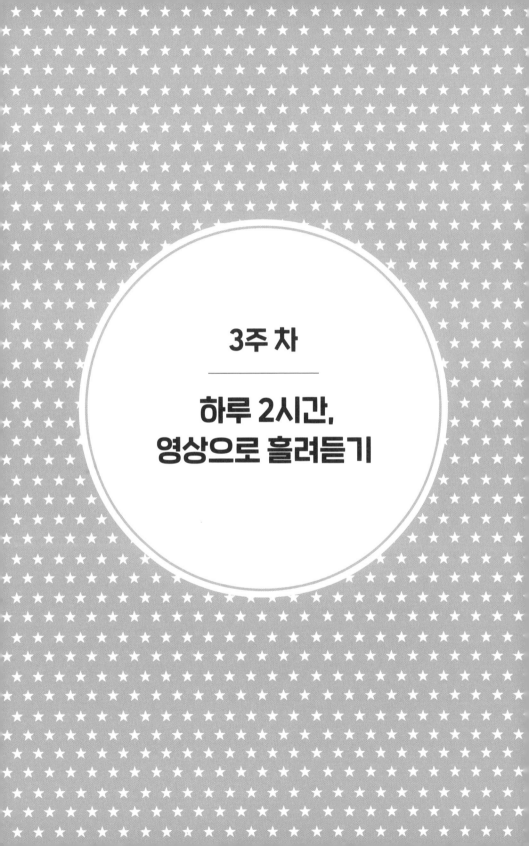

3주 차

하루 2시간,
영상으로 흘려듣기

1단계 :
텍스트 없이
영상을 보고 듣기

먼저 흘려듣기의 의미를 짚어보자. 흘려듣기란 무엇일까? 흘려듣기도 집중듣기와 마찬가지로 커뮤니티마다 의미 차이가 있어서 이 또한 누리보듬식으로 정의를 내렸다. 책과 블로그에 사용된 흘려듣기의 의미는 바로 이것이다.

'영화나 TV 등 화면에서 영상과 함께 흘러나오는 소리를 텍스트 없이 보며 듣는 것!'

일부에서는 아이들이 다른 놀이를 하거나 차로 이동 중일 때 배경으로 흐르는 소리 노출까지 흘려듣기라 말하기도 한다. 무엇이 맞다 틀리다보다 어떤 방법이 아이에게 맞는지가 중요하다. 우리의 실천 방법은 학년에 따라 조금씩 다르기는 했어도 한 가지는 분명했다. 반드시 영상과 함께했다는 것이다. 그것이 반디가 원하는 방법이었다.

누리보듬식 흘려듣기 실천법

/

먼저 1년 차 흘려듣기를 살펴보겠다. 첫 시작이었던 1년 차는 영화를 활용했고 되도록 화면에 집중하면서 텍스트 없는 소리를 영상과 함께 보고 들었다. 매일 저녁 영화 한 편을 엄마와 나란히 한글 자막, 영문 자막 모두 가리고 보았다. 영화는 원음 더빙이 된 애니메이션으로 시작해서 새로운 것을 찾을 수 없는 한계 이후 실사영화까지 상당한 양을 보았다.

이 또한 집중듣기와 마찬가지로, 처음의 습관과 안정이 중요했기에 나는 꾸준히 반디의 곁을 지켰다. 두 시간이라 했지만 1년 차는 영화 한 편이 기준이었다. 이 또래에 맞는 영화들은 대부분 러닝타임이 90분에서 120분 사이다. 한 시간 반 이상을 꼼짝하지 않고 집중할 수는 없다. 아이가 영화에 집중할 수 있도록 옆에서 도와주는 것이 엄마의 역할이었다. 엄마가 함께했던 이유였다. 엄마와 우리말로 이야기를 나누면서 산발적인 산만함은 적극적으로 호응하기도 하고 꾹 참기도 하면서 말이다. 그냥 배경으로 소리를 틀어놓고 흘린다기보다는 상황에 맞춰 나오는 소리를 텍스트 없이 집중해서 보고 듣는 효과를 노리는 것이다. 물론 처음에는 흘려보내는 소리가 전부였다. 당연하다고 생각했고 기다려야 했다. 텍스트 없이 소리에 집중하기 위해서였으니 한글이든 영문이든 모든 자막은 가리고 보았다.

영화는 원음 더빙이 된 애니메이션으로 시작했는데 나름의 이유가 있었다. 실사영화는 동시녹음이 많은 반면, 애니메이션은 후시녹음이라

성우나 배우들이 정확한 발음으로 더빙을 하고 배경 소리도 보정한다. 전반적으로 톤이 안정되어 있다. 날것의 산만한 현장음이 함께 녹음되는 실사영화보다는 소리 전달의 만족도가 높았다. 거의 매일 한 편씩이었으니 애니메이션 확보에 금방 한계가 왔다.

반복도 싫어하는 아이였다. 영상 확보가 힘들다고 아이 성향을 무시하고 반복할 수는 없었다. 대안은 실사영화였다. 그런데 초등학교 1학년 아이와 함께 볼 수 있는 실사영화는 그리 많지가 않았다. 초등학교 저학년이 가족들과 함께 보기에 무리 없는 영화여야 했다. 실제로 15세 관람가 영화들이 더 재미있지만 영화를 활용했던 시기가 초등 저학년까지라 15세 관람가 영화들은 제외했다. 시간을 거슬러 올라가니 엄마, 아빠에게도 감동과 웃음을 주었던 추억 속의 영화를 찾을 수 있었다. 잊고 있었지만 찾아보면 후회 없을 영화들이 꽤 많았다.

초기 애니메이션을 볼 때는 완벽하게 집중하지는 못했다. 영화가 아니어도 이런저런 노출로 이미 내용이 익숙해서인지, 아직 습관이 잡히지 않아서인지 산만한 집중이었다. 익숙해진 후에야 대부분의 영화를 시작부터 끝까지 내용 자체에 집중하면서 볼 수 있었다. 엄마의 강요가 아니라서 더 빨리 흘려듣기가 자연스러워졌다. 들어본 적 없는 전혀 새로운 내용이 호기심을 자극했는지도 모를 일이다. 엄마는 언젠가 한 번쯤 보았던 영화들이었기에 그나마 자막 없이 보는 것이 덜 곤혹스러웠다. 아이에게 중간중간 도움될 만한 이야기도 해줄 수 있었다.

동시녹음된 실사영화를 보는 경우 자주는 아니지만 필요에 따라 한글 자막이나 영어 자막을 함께 보기도 했다. 반복을 싫어하는 아이이어서

봤던 영화를 다음 날, 그다음 날 또 보지 않았는데 한동안 잊고 있던 영화를 뜬금없이 다시 찾게 될 때였다. 〈벤허〉, 〈앵무새 죽이기〉, 〈십계〉 등 내용이나 주제가 무거울 수 있는 고전, 또는 소리 자체가 산만한 영화들에 한해서다. 원칙이 있지만 원칙에 발목 잡혀 흥미를 잃어버리지 않도록 조율하는 것이 중요했다. 정말 아주 가끔이었다. 원칙이 무너져서는 안 되니까. 자막 없이 영화를 보는 것이 익숙해지면 그리 오래지 않아서 아이는 자막이 거슬린다고 한다. 자막에 눈이 가면 화면을 놓치게 된다고 거슬리는 자막을 없애달라는 것이다. 왜 습관이 중요한지, 왜 습관이 될 때까지 정성을 들여야 하는지 다시금 알게 되었다.

이와 관련해 온오프라인에서 자주 받는 질문 중 하나도 짚고 가자. 반복을 즐기는 아이들에게서 나타나는 현상으로 보인다. 같은 영화를 자막 없이 반복해서 잘 보던 아이가 이해가 되는 것도 같은데 분명하지 않아서 답답했던 것일까? 어느 날 자막 없이 원음으로 즐겨 보고 있는 영상을 한글 자막으로 보고 싶다고 말했다는 것이다. 같이 고민해봤다. 한 번쯤 자막을 함께 보여주는 것이 그리 큰 방해가 될까? 그러면서도 걱정되는 것이 있었다. 기억력이 좋은 아이들이다. 반복해서 보고 있는 영상은 어떤 장면에서 어떤 대사가 나오는지 외울 수 있을 정도다. 원음의 소리로 본 영상을 한글 자막을 열고 분명한 의미를 우리말로 잡아가며 보고 난 이후를 생각해보자. 다시 자막 없이 원음만으로 같은 영상을 본다면 원음의 소리에 집중하기보다 알고 있는 한글 의미를 떠올리지 않을까? 이때 흘려듣기가 어떤 방법으로 이어져야 바라는 효과를 얻을 수 있는지 확신을 가진 엄마만이 아이의 성향을 고려하여 수없이 타협하며 조율할 수 있다.

우리는 하지 않았던 흘려듣기 방법이 있다. 집중듣기 했던 책의 오디오만 틀어놓기, 봤던 영화를 소리만 따로 저장해서 틀어놓기다. 이런 방식들은 대부분 화면 없이 아이들이 다른 활동을 할 때 배경으로 원음을 틀어놓는 경우다. 우리가 추구했던 흘려듣기 방식은 화면과 함께 소리를 듣는 것이었기에 이 방법은 욕심나지 않았다. 몇 번 시도를 해봤는데 반디가 단호했다.

"엄마 저거 꺼!"

알아듣지도 못하는 소리인데 그나마 화면이라도 움직여야 견딜 수 있었나보다. 이 방법이 나쁘다는 게 절대 아니다. 우리 아이의 성향이 그러했고 우리가 추구하는 흘려듣기 방법과 달랐다는 것이다. 누군가에게는 이 방법이 효과적일 수도 있다.

흘려듣기를 위한 애니메이션 추천
/

일본의 대표적인 애니메이션 제작사인 '지브리'의 극장 개봉작들을 즐겨 보았다. 스튜디오 지브리Studio Ghibli는 미야자키 하야오 감독을 중심으로 1985년 설립된 일본 애니메이션 스튜디오다. 지브리에서 활동한 감독은 미야자키 하야오 외에도 다수가 있지만 단연 그의 작품들이 유명하다. 2013년 은퇴를 선언하고 2014년 이후 더 이상 신작을 발표하지 않아 아쉬움이 있지만 아직까지도 사랑받고 있는 작품들이다.

〈바람계곡의 나우시카^{Nausicaä of the Valley of Wind}〉를 시작으로 〈천공의 성 라퓨타^{Laputa:Castle in the Sky}〉, 〈모노노케 히메^{Princess Mononoke}(원령공주)〉, 〈센과 치히로의 행방불명^{Spirited Away}〉, 〈하울의 움직이는 성^{Howl's Moving Castle}〉 등을 보았다. 원음은 일본어인 작품들을 디즈니에서 미국 내 유통을 위해 영어 버전으로 더빙해서 출시했고 우리는 그것을 이용했다.

엄마표 영어 1년 차 흘려듣기를 위해 거의 매일 영화 한 편씩을 반디와 함께 보았다. 디즈니와 픽사, 드림웍스의 3D 애니메이션은 아이와 함께하기에 내용도 무리 없고 화면의 색감이나 움직임의 화려함이 시선을 붙잡기 유리해서 초기 흘려듣기에 주로 활용했다. 그런 우리 모자에게 2D 화면의 신선함을 느끼게 해주었던 영화들이 바로 극장에서 개봉했던 지브리의 작품이었다. 익숙했던 미국 쪽 애니메이션 화면과 다른 입체감 없는 영상에 싫증을 느끼면 어쩌나 했는데 의외로 여러 번 반복하며 재미있게 봤던 작품도 있었다. 아이들과 애니메이션 영화를 보고 싶은데 실감나는 3D 화면에 겁을 내는 경우가 있다는 이야기를 들었다. 이런 경우 입체감이 편안한 2D 영상을 시도해도 좋겠다.

2005년 당시 가장 선호하던 영상 확보 방법은 동네 대여점에서 비디오 테이프나 DVD를 빌려보는 것이었다. 우연히 대여한 일본 애니메이션 DVD가 우리말 더빙뿐만 아니라 영어 더빙도 제공한다는 것을 알게 되었다. 그렇게 DVD로 본 작품들이 대부분 한 감독, 미야자키 하야오의 작품이라는 사실이 신기해서 한동안 그의 작품을 모두 빌려 반디와 함께 영어 버전으로 보았다.

미국의 영화 웹사이트 추천

/

미국의 영화 관련 유명 웹사이트 중 리뷰 사이트로 유명한 곳이 로튼 토마토Rotten Tomatoes다. 일반인보다는 영화 평론가의 리뷰나 평가를 모아놓는 것을 목적으로 1998년에 만들어졌다. 여러 리뷰들을 '프레시Fresh'와 '로튼Rotten'으로 나누어 긍정적 평가 비율을 '토마토미터Tomato-meter'라는 이름으로 제공하는데 토마토미터는 전체 평가 중 프레시의 비중을 %로 나타낸다. 그 토마토미터가 85~100%에 이르는 '애니메이션 영화 100선Top 100 Animation Movies'을 블로그에 소개했다. 100위 안에는

로튼 토마토 홈페이지

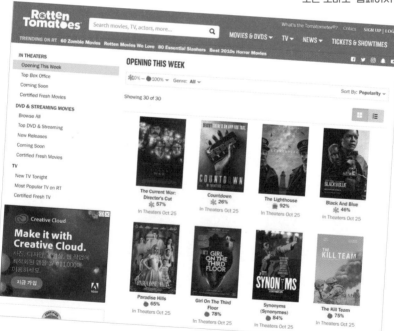

미국에서 제작된 영화들이 많지만 영어권 나라가 아닌 곳에서 제작된 영화들도 포함되어 있다. 앞에서 소개했던 지브리 작품들도 몇 자리를 차지하고 있다. 아이들이 단행본 원서 읽기를 할 때 만나게 되는 대표 작가인 로알드 달의 책을 원작으로 한 영화도 몇 편 포함되어 있다. 좋은 책이 욕심나듯이 영화도 좋은 평가가 뒤따르는 것을 선택하기 위해 도움되는 사이트로 다양한 주제의 좋은 영화 리스트를 만날 수 있다.

로튼 토마토 홈페이지
www.rottentomatoes.com

영화로 재탄생한 뉴베리 수상작 추천

또 하나의 참고할 만한 리스트도 소개한다. 뉴베리 수상 작품은 초등학교 고학년부터 만나면 좋은 책들이다. 첫 수상작이 나온 1922년 이후 100여 년 동안 꾸준히 관심과 사랑을 받아온 뉴베리 수상 작품들 중 영화로 만들어진 작품도 있다. 1940년대 중반부터 최근까지 다수의 작품이 극장 상영작이나 TV 방영용으로 제작되었다. 이중 몇 가지는 책, 블로그, 강연 등에서 소개한 적도 있다.

나와 반디 둘다 뉴베리 수상작을 유난히 사랑했지만, 반디는 성향상 책으로 본 내용을 영화로 다시 보는 건 좋아하지 않았다. 영화나 뮤지컬 등으로 봤던 내용을 책으로 다시 접하는 것도 그다지 선호하지 않았다.

하지만 반디는 영화화된 뉴베리 수상작들을 책으로는 모두 읽었다. 당시 반디가 재미있게 보았던 작품들, 또 대중적으로 인기가 많은 작품들을 117쪽에 정리해놓았으니 참고하면 좋겠다.

감동이 있는 지브리 애니메이션 목록

여기에서 말하는 '토마토미터'는 미국 영화 웹사이트 '로튼 토마토'
에서 인증하는 '긍정적 평가 비율'을 의미한다. 퍼센트 수치가 높을수록
긍정적인 리뷰를 받은 작품인 것이다. 또한 PG 등급은 연령 제한은 없
으나 부모나 보호자의 지도가 필요한 영화, G 등급은 연소자 관람가 영
화임을 표시한다.

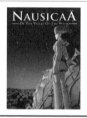

**Nausicaä of the Valley
of Wind**
바람계곡의 나우시카
미야자키 하야오 | 1984년 | 전체 관
람가 | 토마토미터 : 87% | 등급 : PG
(for violence)

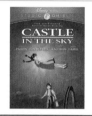

**Laputa: Castle in the
Sky**
천공의 성 라퓨타

미야자키 하야오 | 1986년 | 전체 관
람가 | 토마토미터 : 95% | 등급 : PG

Grave of the Fireflies
반딧불의 묘

다카하타 이사오 | 1988년 | 12세 관
람가 | 토마토미터 : 97% | 등급 : NR

My Neighbor Totoro
이웃집 토토로

미야자키 하야오 | 1988년 | 전체 관
람가 | 토마토미터 : 94% | 등급 : G

Kiki's Delivery Service
마녀 배달부 키키

미야자키 하야오 | 1989년 | 전체 관
람가 | 토마토미터 : 97% | 등급 : G

Only Yesterday
추억은 방울방울!

다카하타 이사오 | 1991년 | 전체 관
람가 | 토마토미터 : 100% | 등급 :
PG

Porco Rosso
붉은 돼지

미야자키 하야오 | 1992년 | 전체 관
람가 | 토마토미터 : 94% | 등급 : PG

Ocean Waves
바다가 들린다

모치즈키 토모미 | 1993년 | 전체 관
람가 | 토마토미터 : 97% | 등급 :
PG-13

Pom Poko
폼포코 너구리 대작전

다카하타 이사오 | 1994년 | 전체관람
가 | 토마토미터 : 78% | 등급 : PG

Whisper of the Heart
귀를 기울이면

곤도 효시후미 | 1995년 | 전체 관람
가 | 토마토미터 : 91% | 등급 : PG

Princess Mononoke
모노노케 히메

미야자키 하야오 | 1997년 | 전체 관
람가 | 토마토미터 : 92% | 등급 :
PG-13

Spirited Away
센과 치히로의 행방불명

미야자키 하야오 | 2001년 | 전체 관
람가 | 토마토미터 : 97% | 등급 : PG

The Cat Returns
고양이의 보은

모리타 히로유키 | 2002년 | 전체 관
람가 | 토마토미터 : 89% | 등급 : G

Howl's Moving Castle
하울의 움직이는 성

미야자키 하야오 | 2004년 | 전체 관
람가 | 토마토미터 : 87% | 등급 : PG

Ponyo
벼랑 위의 포뇨

미야자키 하야오 | 2008년 | 전체 관
람가 | 토마토미터 : 91% | 등급 : G

영화로 재탄생한 뉴베리 수상 작품 목록

　　BL은 'Book Level'이다. 말 그대로 아이 학년에 맞는 책 레벨을 표시하는 수치이다. 예를 들어 BL 4.4은 초등 4학년이 되고 4개월이 지난 아이들이 스스로 읽고 이해할 수 있는 수준의 책이라는 의미다. 아이의 학년, 수준, 성향에 따라 영화 버전, 책 버전을 모두 즐길 수 있다면 엄마표 영어에 큰 도움이 될 것이다.

A Wrinkle in Time
시간의 주름

Madeleine L'Engle 지음 | 1963 Winner Medal | BL : 4.7 | 256쪽

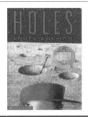

Holes
구멍이

Louis Sachar 지음 | 1999 Winner Medal | BL 4.6 | 240쪽

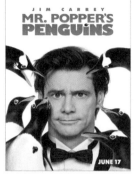

Mr. Popper's Penguins
파퍼 씨의 12마리 펭귄

Richard & Florence Atwater 지음 | 1939 Honor | BL 5.6
| 138쪽

The Tale of Despereaux
생쥐 기사 데스페로

Kate DiCamillo 지음 | 2004 Winner Medal | BL 4.7 | 272
쪽

Bridge to Terabithia
비밀의 숲 테라비시아

Katherine Paterson 지음 | 1978 Winner Medal | BL : 4.6
| 163쪽

Hoot
후트

Carl Hiaasen 지음 | 2003 Honor | BL 5.2 | 292쪽

Charlotte's Web
샬롯의 거미줄

E.B. White 지음 | 1953 Honor | BL 4.4 | 184쪽

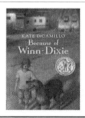

Because of Winn Dixie
윈 딕시 때문에

Kate DiCamillo 지음 | 2001 Honor | BL : 3.9 | 182쪽

Ella Enchanted
엘라 인챈티드

Gail Carson Levine 지음 | 1998 Honor | BL 4.6 | 229쪽

2단계 :
원어 채널에
재미 붙이기

영화와 함께하는 1년 차 흘려듣기가 자리 잡은 뒤 2년 차 이후부터는 방법이 조금 달라졌다. 핵심은 자연스러운 흘려듣기 환경 만들기였다. 우리가 추구하는 흘려듣기 방법은 영상이 필요했는데 20~30년 전 영화까지 섭렵했지만 1년이 지나니 아이와 함께 볼 수 있는 영화는 바닥이 났다. 2년 차부터는 알고는 있었지만 망설였던 위성방송을 설치해서 원어로 방송되는 만화 채널을 보기 시작했다. 또래 아이들이 좋아하는 TV 만화 시리즈는 그 수가 엄청나다. 그래서 약속이 필요했다. 언제든, 얼마든 봐도 좋다. 단, 원어로만!

반디가 좋아한 채널들

/

2006년 우리가 활용할 때만 해도 채널이 많았다. 디즈니, 디즈니주니어, 니켈로디언, 카툰네트워크 등 모두 완벽한 원어로 방송되었다. 지금은 대부분의 채널이 우리말 더빙으로 바뀌거나 일부 음성 다중을 지원하는데 중간 광고까지 완벽한 원음이었던 예전의 효과는 기대하기 힘들게 되었다. 기존에 있던 원어 채널이 이런저런 이유로 사라지거나 한국말 더빙으로 바뀌는 우여곡절을 지켜봤던 사람이다. 어느 날 어제까지 잘 보던 만화 시리즈가 한국말로 더빙되어 나오자 반디가 심하게 거부했던 기억이 있다. 익숙한 음성도 아니고 우리말 더빙을 하느라 배경 음을 충분히 살리지 못해 실감이 나지 않아 재미가 없다는 것이다. 도서관의 오프라인 강연을 진행하며 강연을 준비하다 문득 생각이 나서 오랜만에 TV 채널을 처음부터 끝까지 따라가 봤다. 볼 것 하나 없는 채널들, 그런데 많기는 또 얼마나 많은지 놀라웠다. 어린이 채널이 모여 있는 번호를 옮겨가며 많이 아쉬웠다. 수많은 만화 채널이 있지만 본 프로그램은 물론이고 중간 광고까지 완벽한 원음으로 지원되는 원어 채널을 찾을 수 없었다.

우리말로 더빙된 만화와는 담을 쌓은 반디는 해외 유명 시리즈 만화는 무척 많이 봤다. 처음부터 시작을 그리했더니 우리말 만화에 그다지 관심도 없었다. 이리 말하면 걱정 많은 엄마들은 이렇게 묻는다.

"아이들 모두가 즐겨보는 만화를 보지 않아서 학교에서 왕따를 당하면 어쩌나요?"

세상의 걱정 대부분은 너무 미리 고민하는 것이다. 그리고 그중 90퍼센트 이상은 결국 일어나지 않을 일이라 한다. 구더기 무서워 장 못 담글 일이 아니라는 이야기다. 아이들의 이야기는 한 주제에 오래 머무르지 않는다. 종일 같은 관심사만 나누는 것이 아니라는 것이다. 내 아이가 주체가 되는 새로운 이야기를 꺼낼 수 있도록 다양한 관심을 가지게 하고 아이의 생각을 풍성하게 만드는 것이 중요하지 모두 같은 관심거리에 맞출 필요가 없다. 반디가 3학년 때쯤 한국 만화를 보지 않았지만 친구들과의 소통에 불편을 겪었던 기억이 전혀 없다는 확인을 받았다. 성격이 단순했던 덕분이었을까?

흘려듣기를 도와주는 원어 채널 활용법
/

원어 만화 채널은 특징이 있다. TV에서 방영되는 만화 시리즈는 영화와 달리 단위 시간이 30분 단위로 짧다. 틈새 시간 공략에 유리하다. 같은 주인공에 에피소드는 매번 바뀐다. 챕터북 시리즈 느낌이라 반복을 싫어하는 반디에게 안성맞춤이었다. 재방, 삼방을 통해 시간 차이를 두고 자동 반복이 가능하니 같은 에피소드를 대여섯 번 보는 경우도 허다했다. 그런 경우 아이가 좋아하는 캐릭터의 다음 대사를 먼저 중얼거리기도 했다. 선택권이 있어 내가 원하는 시간에 원하는 프로그램을 고를 수 있는 상황이 아니었다. 일방적으로 방영하는 것을 시간 맞춰 보다가 만나는 자연스러운 반복은 크게 거부하지 않았다. 덕분에 반복 효과는 만화 채널을 보면서 경험할 수 있었다.

한글 자막이 깔리는 하단을 파스텔톤 도화지로 가리고 보느라 전체 화면을 포기해야 하는 불편함이 있었지만 습관이 되니 그것도 그럭저럭 견딜 만했다. 어느 정도 익숙해진 이후로는 여느 집에서 TV 켜놓듯 아이가 집에서 빈둥거릴 때는 무조건 원어 채널이 틀어져 있었다. 그런데 이렇게 조성된 자연스러운 소리 노출은 이제 말 그대로 배경이어도 효과가 있음을 알 수 있었다. 아이는 블록 놀이를 하고 그림을 그리고 미니카를 가지고 다른 놀이에 집중하고 놀다가도 익숙한 내용이 나오면 수시로 TV 앞으로 달려가 좋아하는 장면을 보고 다시 제 볼일을 보면서 TV에 익숙해졌다. 처음에는 틀어져 있는 대로 무분별하게 보았지만 시간이 지나니 선호도가 분명해졌다. 시간을 기억해서 찾아보는 것이다. 아이가 다른 활동을 하는 동안에도 틀어져 있어 그저 배경으로 흘리는 소리는 그다지 신경 쓰지 않고 고정 시간에 찾아보는 프로는 가능한 엄마가 시작부터 끝까지 같이 봐주었다. 시간이 고정되니 그 시간에 맞춰 엄마의 일과도 조율이 가능했다.

3단계 :
알아듣기 시작할 때
아이의 반응 체크하기

아이가 흘려듣기에 제대로 집중했던 4년을 지켜보면서 흘려듣기에 익숙해지는 것에도 단계가 있다는 것을 알게 되었다. 화면과 소리를 텍스트 없이 맞춰나가는 흘려듣기 방법으로 시간이 쌓이고 쌓이면 경계가 모호한 단계를 자연스럽게 지나며 그냥 듣기가 알아듣기가 된다. 그 단계는 이랬다.

처음에는 소리가 한 뭉텅이로 들린다. 무슨 말인지도 모르고 문장이 어디에서 끝나는지도 구분되지 않고 그냥 화면이 재미나서 보는 단계다. 그 시간이 쌓이면 어느 순간 소리와 소리 사이의 구분이 느껴진다. 단어와 단어 사이, 문장과 문장 사이가 분리되어 들리는 것이다. 단어의 의미를 알고 문장의 의미를 안다는 것이 아니다. 단지 소리의 분리를 느낄 수 있다는 것이다. 많은 시간 함께했던 엄마도 이것까지는 느낄 수 있었다. 그리고 같은 영상이 아니더라도 다른 영상에서도 똑같이 적용된다는 것을 깨닫는다. 집중듣기와 흘려듣기의 시간이 쌓이다 보면 어느 순간 다른 곳에서 들었던 단어나 문장이 여기도 나오고 저기도 나오는 것을 아이가 눈치를 챈다. 드디어 화면에 나오는 상황을 이해하고 그 상황에 맞는 대화의 의미를 알아간다.

"어! 저 말은 지난번 어떤 책에서, 영화에서, 또는 TV 프로그램에서 들었는데!"

이렇듯 집중듣기와 흘려듣기 시간이 쌓이면 억지로 반복하지 않아도 자연스러운 반복이 여러 곳에서 꾸준히 일어난다. 채우고 채우는 기다림의 시간이 지나면 그냥 듣는 것이 아니라 알아듣는 단계로 진입하는 것이다. 이 환상의 시기가 언제 가능한가 궁금할 것이다. 하지만 이 시기 또한 일반화시켜서 받아들이면 안 된다. 아이들마다 나타나는 시기가 다를 것이다. 어떤 시간을 얼마큼 채웠는지에 따라 빠르기도 늦기도 하다. 아이마다 흡수 능력도 다르고 노출 과정도 다르고 시간도 다르기 때문이다. 반디의 경우 매일 집중듣기 한 시간, 흘려듣기 두 시간을 4년을 채우고 나서였다.

4단계 :

시트콤 드라마
보여주기

영어를 알아듣는 아이가 혼자 놀기의 진수를 만나는 시기가 있다. 알아듣기 뒤로 나타나는 현상들은 정말 재미나다. 억지로 끄집어내려 애쓰지 않아도 들어가기가 차고 넘치면 비집고 새어 나온다. 가장 눈에 띄는 현상이 혼잣말로 영어를 중얼거리기다. 종일 의식하지 않고 혼잣말을 중얼거리기 시작하는데 그게 전부 영어였다. 이때부터 시작된 버릇인지 지금도 반디는 자주 중얼거리는데 물론 영어다. 게임을 하거나 샤워를 할 때 도무지 뭔 말인지 모르겠지만 쉼 없이 중얼거린다. 음독을 욕심내는 이유들이 이 시기 해결된다. 굳이 힘들게 음독을 하면서 연습하지 않아도 입과 혀의 근육이 영어에 유연해지는 유창성이 향상되고 자신만의 발음도 완성해나간다.

익숙한 영상의 캐릭터가 하는 대사를 먼저 말하는 현상도 두드러지는 시기다. TV에서 자연스럽게 반복하며 익숙해진 캐릭터의 재미있는 대사를 먼저 중얼거리는 것이다. 1인 다역으로 액션영화 한 편을 영어로 찍기도 하는데 가관이다. 즐겨 보는 프로그램 주제가 또한 기막히게 따라 부른다. 만화 주제가는 물론이고 〈하이스쿨 뮤지컬〉, 〈한나 몬타나〉 등등 음악 관련 영화나 시트콤에 등장하는 노래들을 가사까지 완벽하게 따라 부른다. 받아줄 수 없는 엄마는 안타까운데 아이는 영어로 혼자 놀기의 진수를 보여주는 것이다. 이때 엄마의 역할은 별것이 없다. 최고의 응원은 열심히 장단 맞춰주고 칭찬해주기. 무엇이 더 필요할까. 그리고 꾹꾹 눌러 담은 인풋을 제대로 아웃풋으로 터뜨려줄 방법을 깊이 고민해야 한다.

조금씩 영어 귀가 뚫린다!

알아듣기 시작하며 본격적인 재미에 빠진 것이 시트콤 드라마였다. 대부분이 디즈니채널에서 방영하던 것이었는데 방영 시간을 챙겨 고정적으로 시청하기 시작했다. TV를 보며 아이는 웃는데 엄마는 따라 웃지 못하는 상황이 자주 일어났다. 시트콤 드라마는 그들만의 유머 코드가 있다. 아이는 자막 없이도 대사 안에서 그들만의 유머 코드를 이해하고 시트콤에 입혀진 웃음소리와 동시에 웃음이 터진다. 간혹 옆에 앉아 같이 봤지만 웃지 못했고 정말 궁금해서 물어보면 아이가 친절하게 설명을 해주었다. 하지만 엄마는 전혀 웃기지 않았다. 고학년이지만 초등학생 아이가 우리말로 제대로 전달하기는 무리가 있었을 것이다. 또한 아이는 귀가 활짝 열려 영어로 듣는 그 순간 상황, 대화, 그 안에 숨은 의미까지 이해되기에 웃을 수 있는데 그 복합적인 요소를 충분히 번역할 수도 없었던 것이다. 그저 알아듣는 사람만 웃을 수 있었다. 지켜보는 엄마는 놀랍고 신기하고 신났다. 이 정도가 가능하다면 마주하는 대화는 훨씬 쉽지 않을까? 제대로 시도해보지는 않았지만 아웃풋 중 하나인 말하기를 더 이상 고민하지 않아도 좋았다. 일방적이지 않고 상대방을 배려하며 공통 관심사를 두고 차근차근 주고받는 이야기가 불가능할 리 없으니까.

흘려듣기, 언제까지 해야 좋을까?

/

처음 계획은 영어 해방 그 순간까지 흘려듣기도 잘 챙기며 끝까지 가려고 했다. 그런데 집중듣기와 달리 흘려듣기는 고학년이 되면서 여러 한계가 나타났다. 이 또한 시기를 놓치면 누리기 힘든 시간이었다. 좋은 시기라 할 수 있는 때는 아무래도 초등 중학년까지다. 고학년에 들어서며 학교 특별활동으로 시간도 부족했지만 잡생각 또한 많아졌는지 집중력도 현저히 떨어졌다. 흘려듣기를 위해 영상을 마주하고 있는 아이의 시선이 영상이 아닌 멀고 먼 상상의 나라를 헤매고 있다는 것을 곁에 있는 엄마가 눈치채는 순간이 잦아지는 것이다.

그런 연유로 5년 차 이후에는 두 시간을 채우지 못하는 날도 많아졌다. 그렇지만 별로 마음 쓰지 않았다. 2학년부터 초등 졸업까지 우리 집에서 한가한 시간에 틀어놓는 TV 채널은 원어 방송이었다. 굳이 별도로 시간을 정하지 않아도 주중에 보고 싶은 것을 얼마든지 볼 수 있었다. 저학년 때 영화를 보면서는 하루에 몇 시간을 흘려듣기 했구나 대충 가늠이 되었지만, TV를 보기 시작하면서는 환경 자체를 그리 만들어놓아 시간에 신경 쓰지 않았다. 아빠가 집에 있는 휴일은 한국 예능 프로를 온 가족이 깔깔거리며 봐도 평일에 틀어져 있는 TV 소리는 고학년까지도 원어 채널이었다.

그러니 아이 곁에서 곤혹스러운 시간은 모두 엄마 몫이었다. 눈은 아이와 같은 방향을 향해 있었지만 머릿속은 늘 딴생각으로 가득했다. 간혹 궁금하기도 하다. 아이와 같은 집중력이 있었다면 엄마도 영어가 늘었을까? 아니었을 것이다. 이 습득 방법은 안타깝게도 일정 연령이 지나면 크게 효과를 보기 힘들다고 한다. 적기에 대해 이야기했던 언어학자의 이론이 믿겨졌다. 긴 시간 아이와 흘려듣기를 함께했던 엄마에게는 그다지 효과가 없었다.

흘려듣기,
아이의 수준에 맞추어야 할까요?

우리 아이가 매일 영어 애니메이션을 하나씩 보거든요. 〈토이 스토리〉는 1, 2 모두 세 번 정도 보고, 〈라따뚜이〉도 두세 번씩, 〈쿵푸팬더〉도 1,2,3를 세 번 정도 봤어요. 그런데 지인이 애니메이션은 그림만 볼 거라고, 영어 듣는 데는 도움이 안 된다고 〈페파피그〉나 〈메이지〉 등 쉬운 시리즈를 흘려듣기 해야 영어가 늘 거라고 하더라고요. 그래서 아이에게 그 정도 수준의 영어 동영상을 보자고 해도, 싫대요. 이를 어쩌죠?

영상을 이용한 흘려듣기를 꾸준히 실천하면서 개인적으로 한 번도 생각해보지 못했던 궁금증이었는데 온오프라인 소통을 하면서 질문이 반복되었기에 고민했던 문제다. 흘려듣기 영상을 아이의 영어 수준에 맞추어야 할까?

엄마표 영어를 진행하며 집중듣기를 위한 책을 고를 때는 아이의 레벨을 중요시했다. 집중듣기의 목표는 해마다 기준을 원어민 또래와 동일하게 맞춰가는 리딩 레벨 업그레이드였다. 이 부분의 중요성에 대해서는 여러 번 강조했다. 제대로 엄마표 영어의 성공과 실패의 관건이라 할 수 있는 중요한 핵심이기 때문이다. 그렇다면 흘려듣기 영상 또한 레벨에 맞춰 선택해야 하는가? 이 부분을 예상치 못한 이유가 있다. 영어 노출 시작 시기가 모두 다르기 때문이다. 취학 훨씬 전 영어를 서둘러 시작한 경우라면 영상을 아이의 이해 수준에 맞추어 고르기 때문에 아이의 성장과 함께 자연스럽게 생기는 의문일 수 있구나 깨닫게 되었다.

반디는 취학 전 영어 노출 경험이 없었기 때문에 이 의문에 확실하게 답하기는 어렵다. 하지만 미취학 연령이라면 아이의 이해 수준에 맞춰 진행하는 것이 흥미와 집중에 도움이 되리라 생각한다. 유아에게 영화 한 편은 무리일 것이다. 그렇지만 반디는 초등 입학 후에 영어를 시작했다. 소리가 되었든 영상이 되었든 영어를 접해본 경험은 없었지만 이쯤만 되어도 유아들을 대상으로 한 프로그램에 흥미를 느끼기 힘든 때다. 흥미롭지 않은 영상을 틀어놓고 더 흥미롭지 않은 낯선 소리를 두 시간 가까이 화면과 소리를 맞추며 듣는 흘려듣기는 결코 쉽지 않은 일이었을 것이다.

영상은 책과 달라서 1학년용, 2학년용으로 디테일하게 나누어져 있지 않다. 초등 입학 연령만 되어도 아이의 영어 수준에 맞춘 영상을 촘촘하게 구분해서 찾기란 쉽지 않다는 것이다. 그것도 매일 두 시간씩 해야 하는 흘려듣기다. 반디가 처음 흘려듣기를 시작했던 1년 차에 활용했던 것은 영화였다. 영화는 그저 전체 이용가, 12세, 15세 등으로 크게 나누어져 있어 그 안에서 해결해야 했다. 내용이나 정서적인 면에서 그 나이에 지나침이 없다 생각되면 아이의 영어 이해 수준과 상관없이 아이가 흥미 있어 할 영화로 처음부터 흘려듣기를 했다. 그렇게 시작한 연유로 흘려듣기 영상을 고를 때 아이의 영어 수준을 고려해야 하는지 고민하지 않았다. 그렇다면 영어를 전혀 접하지 못했던 아이에게 처음부터 러닝타임 90분이 넘는 영화를 보여줬다는 말일까? 맞다. 그랬다.

흘려듣기를 하는 초창기에는 들리는 원음을 모두 이해하는 것이 목적이 아니었다. 자연스럽게 영어 소리에 익숙해지는 단계라 할 수 있다. 인토네이션intonation 즉, 억양이나 음의 높낮이에 익숙해지는 것이다. 다양한 상황에 맞는 자연스러운 소리에 익숙해지기를 바라는 실천이었기에 수준에 맞는 것을 고집할 이유가 없었다. 한두 달 하고 말 것도 아니고 쌓이는 시간의 힘을 믿었다. 그런 이유로 흘려듣기 영상은 아이의 영어 레벨과 상관없이 무작위였다.

무조건 재밌는 것으로 선택했다. 초등 1학년에 보았던 영화, 2학년부터 활용했던 원어 TV 채널 모두 아이의 영어 수준을 고려한 것이 아니라 그 나이의 정신연령에서 감당할 수 있는 내용인가, 엉덩이 무겁게 앉아 시간을 채워줄 만큼 흥미로운 내용인가, 그것만이 고려 대상이었다. 이 또한 정답이다, 이대로 진행하라고 말하는 것이 아니다. 우리의 경험을 나누는 것이다. 반디는 이런 실천으로 만 4년 동안 매일 듣기 세 시간을 채우니 자막 없이 보는 영화나 TV 프로그램도 제 나이만큼 알아듣고 이해했다. 이후에도 알아듣기는 꾸준히 아이와 함께 성장했다.

쌓이는 힘이란 이런 것이 아닐까? 쌓이는 힘이 발휘될 만큼 시간을 투자하고 정성을 들일 수 없다면 바라기 힘든 귀 열림이다. 적당히 채우고 적당한 정도의 욕심이라면 아이의 정신연령이나 흥미와 무관하게 알아듣는 영상을 반복하는 것이 맞는 방법일 수도 있겠다. 하지만 그런 진행으로는 영어로부터 완벽한 해방을 꿈꾸기는 힘들지 않을까? 그렇게 진행해서도 영어 해방을 이루었다는 분들이 있고 그래서 확신이 생기면 그들이 만들고 나아간 길 또한 세상에 드러날 것이다. 우리가 만들었던 길과는 다른 길에서의 성장 이야기, 나도 기대하고 있다. 성향도 환경도 모두 다른 아이들이 각자의 길을 만들고 나아가야 하는 방법이다. 이 질문에 내 아이에게 맞는 각자만의 해답을 찾는 것은 결국 엄마의 몫이다. 이 길이 왜 엄마표 영어겠는가? 이 모든 질문에 답을 찾고 조율하는 방법을 찾아낼 수 있는 유일한 사람이 엄마이기 때문이다.

흘려듣기를 위한
영상 확보 방법

책 출간 전은 물론이고 『엄마표 영어 이제 시작합니다』가 출간된 이후에도 블로그를 찾은 분들이 가장 많이 쓴 검색어가 '디즈니 애니메이션'이다. 블로그 초창기에 반디와 함께 흘려듣기로 보았던 디즈니 영화들을 리스트로 만들어 포스팅한 것이 검색에서 상위에 노출되었기 때문이다.

또 다른 반복되는 질문이 있어 답해본다. 흘려듣기 영상을 유튜브로 만나는 분들이 적지 않다. 유튜브 영상으로 흘려듣기를 하면 중간중간 광고에서 자유로울 수 없고, 아이들도 다른 영상으로의 접근이 쉬워서 시간이 늘어지거나 집중이 흐트러진다는 하소연이다. 이 또한 1기분들의 실천 경험을 가져와본다. 흘려듣기 하는 아이 곁을 가까이에서 지키다 얻게 된 노하우라 한다. 엄마의 머릿속에는 보여주고 싶은 영상 리스트가 있는데 (이조차도 리스트되어 있지 않은 상태에서 마구잡이로 유튜브 영상에 노출시키는 것은 아니라고 믿는다) 실제로 아이와 진행하다 보면 그것만 접근하기란 어렵다. 아이는 추천 영상으로 올라온 다른 것도 보고 싶어 하고 어떻게 하면 영상에 접근할 수 있는지도 알고 있기 때문이다.

엄마가 조금 더 부지런해야 한다. 아이들이 흥미 있어 하는 원음의 영상을 파악해서 미리 내 컴퓨터에 다운로드하거나 영상 링크를 모아 놓자. 아이와 약속한 시간만큼을 한 폴더에 채워넣고 오프라인 상태에서 진행하는 것이다. 저작권 문제에서 자유로울 수 없기 때문에 반드시 공유 없이 개인 사용에 그쳐야 한다. 아이들의 성향에 따라 시리즈를 모아놓을 수도 있고, 관심 분야의 영상을 모아놓을 수도 있다. 본 영상만 다운로드되는 것이기에 광고에서도 자유롭고 오프라인 진행이어서 무작위 노출되는 다른 영상에 한눈을 팔 위험도 없다.

또 하나, 흘려듣기 노출은 굳이 영어 레벨을 따질 필요가 없으니 형제자매들이 함께 진행하기도 한다. 여러 아이들이 함께하는 영상은 아무래도 산만할 수 있다. 이 또한 세 아이의 엄마로 큰아이와 이 길에서 함께하고 있는 1기분이 주신 팁이다. 동생들의 어수선한 틈에서 큰아이가 좀 더 정확한 소리와 함께 영상을 만났으면 하다가 생각해낸 것이다. 큰아이 곁에만 블루투스 스피커를 놓아두었다. 아이도 지켜보는 엄마도 소리 전달에 만족하며 세 아이가 함께하면서도 흘려듣기 환경에 안정을 찾았다고 한다.

그 무엇이 되었든 우리 집 형편과 상황에 맞는 환경을 찾기가 그리 어렵지 않은 세상이다. 엄마표 영어를 진행하다 보면 찾고 싶은 것, 가지고 싶은 것, 욕심나는 것들이 생겨난다. 또 생겨야 한다. 찾고 싶은 것이 무엇인지, 가지고 싶은 것이 무엇인지, 욕심나는 것이 무엇인지 분명하다면 찾지 못할 것이 없는 세상이다. 못 찾는 이유는 찾고자 하는 것이 분명하지 않아서다. 충분한 시간을 투자하지 않아서다. 관심 가지고 시간 투자하고 시행착오를 겪다 보면 돈 주고도 살 수 없는 것들을 나만의 자료로 재가공하는 방법을 터득한다. 무수히 널려 있는 알찬 자료들 찾아내는 전문가가 될 수도 있다.

나 또한 아이를 키우며 컴퓨터와 친해진 사람이다. 내가 필요한 자료를 찾고자 하면 너무도 친절한 분들이 꼼꼼하게 설명해놓은 것에 쉽게 접근 가능한 세상이 놀랍기만 하다. 별도로 컴퓨터를 배우라는 것이 아니다. 관심으로 시작해서 시간만 투자하면 된다. 찾고자 하는 것이 분명하면 시간 투자와 시행착오 몇 번이면 누구나 가능하다. 찾고자 하는 게 분명해지려면? 관심이다 깊은 관심.

아이의 성향에 맞는 영상을 찾기 위해 또 아이가 우리말이 아닌 원음으로도 재미있게 볼 수 있는 책을 찾기 위해 원서 전문 사이트에 자주 들락거리자. 먼저 실천한 선배들의 걸음에도 관심을 가져야 한다. 그 무엇보다 내 아이가 어떤 영상과 어떤 책에 관심을 가질까, 아이에게 깊은 관심을 가지는 것이 중요하다. 살짝 걸쳐놓은 발을 망설임 없이 내딛을 수 있도록 이 길에 깊은 관심을 가지고 공부하는 것도 잊지 않기를 바란다.

4주 차

아웃풋을 위한
첫 시도

1단계 :
영알못 엄마를 위한
영어 일기 지도법

영어 글쓰기의 첫 시도는 엄마표 영어 5년 차, 혼자 쓰는 영어 일기였다. 연습장 가득 영어 낙서가 잦아졌고, 자신이 만든 어설픈 게임의 시작부터 끝까지 더 어설픈 영어로 매뉴얼을 써놓기도 했다. 하지만 의무가 아니었기에 그저 혼자 노는 방법 중 하나였다. 그런 놀이에 장단맞춰주고 그동안의 노력을 칭찬해주고 더 나은 성장이 가능하다 응원만 하면 되었다. 드디어 꼭 해야 할 일로 약속을 하고 주 2~3회 영어 일기를 쓰는 것으로 첫 글쓰기를 시도했다. 정확한 어휘나 문장을 사용해서 자신의 생각을 논리적으로 전개하기에는 우리말로도 서툰 시기였다. 영어로 일정한 틀을 갖춘 글쓰기는 욕심이라 생각했다. 문법이나 문장구조는 서툴러도 고쳐주는 이가 없으니 부담 없이 생각 그대로를 글로 쏟아내는 시간이 필요했다. 가장 쉬운 방법으로 영어 일기 쓰기를 선택한 것이다.

　5학년 반디는 영어 일기를 쓸 때 워드 프로그램을 이용했다. 손 글씨를 쓰기 싫어하는 아이 성향을 고려한 것이다. 몇 개월 지나니 영어 타이핑 수준이 한글 못지않게 날아다니는 효과도 덤으로 따라왔다. 생각이 바로 글이 되어야 하니 굳이 정성 들인 글씨에 욕심을 부리지 않았다. 생각을 그대로 옮기기에는 손 글씨보다 키보드가 빠른 아이들이다. 손 글씨가 아닌 것에 안타까워할 일이 아니다. 국내 워드 프로그램을 사용했고 영어로 글 쓸 일이 없었던 엄마는 사용한 워드 프로그램이 자동으로 스펠 체크가 되었다는 것을 나중에 알게 되었다. 스펠 오류 부분에 붉은 선이 생기고 예상 가능한 단어로 오류가 수정되었던 것이다. 반디가 말하길 그때까지도 단어의 스펠을 암기한 경험이 전혀 없어서, 초기에는 틀리는 단어가 매우 많았다고 한다.

　문법을 비롯하여 그 어떤 수정이나 보완도 시도하지 않았다. 읽어보면 무슨 말을 하고 있는 건지 대충 알 수 있지만 고쳐야 할 부분이 많았을 것이다. 하지만 엄마가 그런 능력이 있는 것도 아니고 전문가에게 첨삭을 받을 실력도 아니었다. 써놓은 것 그대로 차곡차곡 쌓아놓기만 했다. 솔직히 고백하자면 아이가 써놓은 영어 일기는 처음 몇 번을 제외하고는 찬찬히 읽어보지도 않았다. 고맙게도 그 당시 담임 선생님께서 반디가 어설프게 써놓은 영어 일기를 엄마보다 더 꼼꼼히 읽어주셨다. 간단한 문장으로 피드백을 주셨는데 그것이 반디가 꾸준히 영어 일기를 쓸 수 있는 동기부여 중 하나가 아니었을까 한다. 그렇게 틀리는 걱정 없이 하고자 하는 말이나 표현을 영어로 마음껏 써 내려가는 시기를

1년 정도 보냈다. 짧은 시간은 아니었지만 이 또한 습관이 되니 쓰고 보관하고 끝! 어려울 것 없었다.

아이를 키우며 내가 잘하는 것은 '때를 기다리기'였다. 그 기간이 바탕이 되어 자신의 생각을 그대로 영어로 표현하는 것에 망설이지 않는 힘을 얻을 수 있었다. 엄마나 아빠가 영어를 잘해서 아이의 영어 일기에 이렇게 저렇게 손을 댔다면 어땠을까? 스펠이나 문법은 조금 다듬어졌을지 몰라도 틀리는 걱정 없이 쓰고 싶은 말을 마음껏 쓰기는 힘들지 않았을까? 엄마, 아빠가 되었든 전문 선생님으로부터 수정, 첨삭을 받았든 누군가 잘못 쓴 문장을 자꾸 지적한다면 글쓰기 자체를 두려워하거나 싫어할 수도 있다. 엄마, 아빠는 그렇게 영어 못하는 자신들을 억지로 위로했다.

엄마표 영어
단어 학습법

이제 초등 3학년이 된 딸아이와 엄마표 영어를 하고 있습니다. 누리보듬 님의 조언대로 하루 세 시간씩 집중듣기를 꾸준히 진행해왔고, 이제 아이는 혼잣말을 짧은 영어로 할 줄 아는 수준이 되었습니다. 그런 아이를 보며 문득, '단어 공부는 따로 안 시켜도 되나?' 하는 고민이 생겼어요. 단어를 더 많이 알게 되면 영어 말하기, 글쓰기를 더 잘할 것 같아서요. 하지만 단어를 외우라고 하면 아이가 싫어할까 봐 걱정입니다. 누리보듬 님의 노하우가 궁금합니다.

"엄마표 영어는 단어 공부를 따로 하지 않아도 된다."

맞는 말이기도 하고 틀린 말이기도 한 이 말을 어떻게 받아들여야 할까? 나는 시기별로 단어 확장에 대한 접근 방법이 달랐다. 하지만 원칙은 있었다. 새로운 단어를 외우기 위한 접근이 아니다. 알고 있는 단어를 다지고 붙잡기 위한 방법으로 접근했다. 인풋 시기에는 어휘 학습에 관심을 가지지 않고 마구마구 들여보내야 했다. 들어간 것이 있어야 붙잡든 다지든 할 테니까. 책(원서)이나 영상(자막 없이 들리는 원음)을 통해 무분별하게 흡수된 단어들이 글이나 말 속에서 어떻게 사용되는지 정확하게 이해하고, 이것들을 차곡차곡 장기기억으로 옮겨놓는 학습적 접근이 필요했다.

아이는 수많은 책과 영상을 접한 경험으로 한 단어가 때에 따라 다양한 의미를 가진다는 것을 알게 되었다. 한글 의미를 일대일로 매치해 외우는 것은 바른 방법이 아니라는 생각도 스스로 하게 되었다. 반디는 자신이 잘 외우기 못한다는 핑계를 대며 단어 암기를 강하게 거부했었다. 그래서 스펠이나 한글 의미를 외우는 활동은 포기하고 마구잡이로 들어간 단어를 정리하는 차원으로 접근했다. 누군가의 도움 없이 스스로 혼자서도 진행할 수 있는 어렵지 않은 방법이어야 했다. 아이의 리딩 레벨보다 한두 단계 아래의 원서 학습서를 이용했다. 혼자서도 어렵지 않게 풀 수 있는 정도였다. 알고 있는 단어를 잘 정의해놓은 영영사전으로 의미를 다져나가는 활동도 병행했다.

4년 차쯤 되니 엄마에게는 생소한, 아이 또래와는 어울리지 않는 어휘들이 뜬금없이 튀어나오고는 했다. 어떤 의미인지 물어보면 어느 책에서, 또는 영상의 어떤 장면에 등장했는지까지 설명하며 의미를 정확하게 이해하고 있었다. 자신이 새롭게 알게 된 단어가 생기면 반드시 하루, 이틀, 그 단어가 기억에 남아 있는 며칠 안에 책에서든 영상에서든 하물며 스쳐 지나가는 길가의 간판에서도 한 번쯤은 다시 마주한다며 신기해했다. 워낙 무차별 듣기였으니 여기저기서 자동으로 반복이 이루어지며 다시 만나게 되는 것이다. 그리고 그런 경험으로 기억된 단어는 장기기억으로 들어가는지 잊히지 않는다 했다.

인풋 시기를 거쳐 책과 영상에 등장하는 단어를 이해하는 단계를 넘어 알고 있다고 생각하는 단어를 말이나 글 속에서 제대로 활용할 수 있도록 아웃풋과 연결하는 단계도 꼭 필요하다. 좋은 단어를 한글 의미와 스펠까지 완벽하게 암기했지만 실제로 문장 안에서 그 단어의 쓰임을 제대로 이해하지 못하거나 문장을 만들 때 적절하게 활용할 수 없다면 아는 단어라 할 수 있을까? 우리에게는 어휘 학습도 최종 목표가 있었다. 아이가 단어의 쓰임을 제대로 이해하고 그 단어를 적절하게 활용할 수 있다면 단어는 영원히 아이 것이 될 수 있다고 생각했다. 그래서 인풋 시기에는 단어조차도 마구마구 들여보내기만 하는 것에 그쳤고 아웃풋 시기에 적절하다고 생각하는 방법을 소개하려 한다. 어쩌면 이미 알고 있지만 실천하지 못하고 있을 간단하지만 쉽지 않은 방법이다.

이 방법을 실천에 옮겼던 것은 본격적인 아웃풋을 위해 선생님과 수업을 시작한 6학년 때였다. 주제를 가지고 수업 시간 내내 수다를 떨고 영어 글쓰기 주제를 받아오는 단순한 수업이었다. 그 주제를 찾는데 이야깃거리가 필요해서 간단한 리딩 교재 한 권을 활용했다. 그 책에 한 유닛당 새로운 단어(책에서 별도로 강조하는)가 열 개 이내로 나온다. 첫 시도로 주제가 있는 영어 글쓰기와 함께 그 단어를 이용해서 간단한 문장 만들기를 해오라는 과제를 추가로 내주셨다. 그렇게 단어마다 각각의 문장을 만드는 일이 익숙해진 뒤 과제는 업그레이드되었다. 단어 8~10개를 지정해주고 지정 단어가 모두 포함되는 글쓰기를 하라고 했다. 주제 없이, 각 단어를 사용한 단문이 아닌 기승전결이 있는 글쓰기다. 이야기를 만들어도 좋고 일기를 써도 좋고 읽은 책에 대한 독후감을 써도 좋았다. 그 단어들이 모두 포함된 하나의 이야기면 되었다. 반디가 주로 썼던 것은 새로운 이야기 만들기였다. 그것이 지정된 단어가 모두 들어갈 수 있는 무난한 방법이라는 것이다. 그렇게 영어로 새로운 이야기를 만드는 것에 흥미를 느낀 아이는 한동안 영어로 소설을 쓰는 작가가 꿈이라며 꽤 긴 이야기를 컴퓨터에 저장하기도 했다.

반디의 영어 글쓰기 문제를 이전부터 언급했었다. 알고 있는 좋은 단어를 활용하지 못하고 한 단어로 압축 가능한 내용을 두세 줄의 문장으로 만든다. 그렇기에 아웃풋에 등장하는 단어는 일정 수준을 넘어가지 못하고 문장은 장황해졌다. 대체 가능한 단어를 선생님이 유도해보면 대부분 알고 있는 단어들이었다. 선생님의 유도에 눈이 동그래지는 아이. 그런데 왜 그 단어를 쓰지 않았는지 물어보면 생각이 나지 않는다는 것이다. 단어를 알고만 있을 뿐 활용하지 못하는 것이다. 알고 있는 좋은 단어, 함축적 의미가 풍부한 단어를 내 것으로 만드는 데는 연습이 필요하고 시간이 걸렸다. 그 연습 방법이다. 내가 만드는 문장이나 이야기 안에 좋은 단어를 적절히 활용하는 연습이다. 반디는 알고 있는 단어를 내 것으로 만들어 활용하면 짧지만 고급스러운 글을 쓸 수 있다는 것을 깨닫게 되었다. 이 활동은 선생님이 꼭 필요한 활동은 아니다. 집에서도 시도해보려 계획했던 방법이었다. 그런데 운 좋게도 엄마가 했으면 하는 어휘 확장 방법을 전문가 선생님께서 시작해주셨고 자리 잡아주셨던 것이다.

단어 학습법을 이야기하며 던졌던 질문, 엄마표 영어는 단어 공부를 따로 하지 않아도 되는가에 대한 구체적인 답을 정리해보자. 엄마표 영어는 단어 공부를 따로 하지 않아도 되는 때가 있고, 의미 없는 단어 공부가 아니라 제대도 어휘를 확장시킬 수 있는 방법을 찾아 꾸준히 해야 하는 시기도 있다. 그래서 맞는 말이기도 하고 틀린 말이기도 하다.

어설프고 막연하게 엄마표 영어의 길에 들어섰다면 본격적으로 단어를 학습하고 다지기를 해야 하는 시기에 포기하는 분들이 많아진다. 그러다 보니 하지 않아도 좋은 시기의 경험만 많아져서 단어 공부를 따로 하지 않는 것이 엄마표 영어라 오해하기도 한다. 많이 듣고, 읽는 것이 우선임은 분명하다. 하지만 그것만으로 단단한 토대를 만들 수 없다. 다지기를 해야 할 때 놓치지 말아야 하는 것이 어휘 학습이다.

결국 8년 동안 책, 영상, 신문 등 다양한 매체를 이용해서 꾸준한 보고 듣기로 어휘를 확장했을 뿐 별도로 영어 단어와 한글 의미를 매치시키거나 스펠을 암기하는 학습은 하지 않았다. 단지 집중듣기와 흘려듣기를 통해 단어가 마구마구 들어가는 기간 동안 꾹 참고 기다렸다가 들어간 단어를 차근차근 밟아서 오래 남을 기억으로 잡아두는 활동을 그때그때 추가했다. 듣기 세 시간을 유지하면서 한 추가적인 활동이라 아이가 받아줄 수 있도록 양을 조절해야 했다.

단순 암기에 의한 단편적 기억보다는 들리는 말이나 보이는 글 안에서 그 단어의 쓰임을 제대로 이해할 수 있어야 했다. 그리고 스스로 하고 싶은 말이나 쓰는 글에서 그 단어를 적절하게 활용할 수 있도록 좋은 어휘를 자기 것으로 만드는 연습을 꾸준히 해야 한다. 엄마표 영어의 길에서 아이의 영어 해방을 꿈꾸고 있다면 어휘 학습 또한 인풋도 중요하고 아웃풋도 중요하다. 어떤 아웃풋이든 풍요롭게 차고 넘치는 인풋이 기본이 된다는 것을 잊지 않길 바란다. 많은 단어를 알고 있는 것이 중요해서 하루에 몇십 개, 일주일에 몇백 개의 단어를 암기해야 하는 때가 있을 수도 있다. 그때가 언제인지는 고민해야 한다.

2단계 :
말하기, 외우지 말고
자신감 있게!

반디의 5년 차 말하기는 어땠을까? 받아주는 사람도 없고 스스로 의식하지도 않는 것 같은데 이 시기 아이의 혼잣말은 모두 영어였다. 아이의 중얼거림에 집에 들어와 맘 편히 TV도 못 보던 아빠는 알아듣지도 못하면서 흥분했다.

"어! 얘가 영어로 막 말을 하네!"

5학년 때 뜻밖의 행운으로 아이는 학교 영어 연극반에서 막내 역할을 했다. 엄마는 행운이라 했는데 가까운 지인들은 감출 수 없는 내공이 드러난 거라 했다. 4년 꽉꽉 채운 내공은 의도하지 않아도 비집고 새어 나오는 지경에 이른 것이다. 공평한 기회에 친구들과 선생님께 인정을 받으며 아이의 자신감은 수직상승했다. 5학년 초 교내 영어 말하기대회에 출전할 반대표를 사전 예고 없이 뽑게 되었다. 영어 수업 시간에

148

담당 선생님께서 모든 아이들을 대상으로 주제가 있는 영어 글쓰기를 지정 시간 내에 쓰게 하셨다. 발표하는 시간이 이어졌고 반 아이들에게 대표로 나갈 친구를 추천하라 하셨는데 친구들이 모두 반디를 뽑았다는 것이다. 선입견 없는 공평한 기회에 반디의 내공이 드러난 것이다.

방과 후 특별활동도 꼼꼼하게 따져보기
/

5학년 올라가기 전 4학년 겨울방학이 시작될 무렵, 무료로 유명 어학원의 레벨 테스트를 받았다가 기대 이상의 결과가 나와 살짝 고무되어 있던 아이였다. 타인의 인정에 익숙하지 않았던 아이가 연거푸 엄마 이외의 사람들에게 영어 실력을 인정 받아서인지 자신감은 나날이 높아졌다. 영어 말하기 교내 대회에 반대표로 나갔다가 그해 처음으로 영어 연극반을 만들기 위해 아이들을 눈여겨보셨던 선생님의 눈에 띄어 뜻하지 않게 1년 동안 영어 연극반을 하게 되었다. 연극반 대부분이 6학년이었고 5학년은 해외파였던 한 아이와 반디, 단 둘이었다. 그 당시 학교에는 원어민 교사가 없었다. 연극반 담당 선생님께서는 원어민 지인을 자주 초대해 도움을 받았는데 그렇게 어울리며 얻은 자연스러운 말하기 기회에 감사했다.

하지만 특별활동으로 인해 시간이 부족해서 엄마표 영어는 정체기였다. 5학년 때는 영어 연극반을 비롯해서 각종 과학 대회까지 참여하게 되었다. 그전까지는 있는 듯 없는 듯 존재감 없던 반디였는데 갑자기 툭 튀는 아이가 되어버렸다. 학부모 모임도 담 쌓고 살았던 나였기에 "쟤가 도대체 누구야?" 하고 또래 친구와 엄마들은 깜짝 놀랐다. 하지만 특별활동에 시간을 너무 뺏긴 1년이었다. 아이는 새로운 경험에 신났는데 엄마 혼자 애가 탔다. 이 시기 아이의 중얼거림을 대화로 발전시켜주고 싶어서 필리핀 화상영어를 시도했다. 잠깐의 호기심이 지나고 나니 주고 받는 질문과 답이 유사한 패턴으로 진행되어 금방 흥미를 잃어버렸고 길게 가지는 못했다.

문법이 틀려도 엄마가 고치지 않기
/

반디가 영어 말하기 대회를 위해 준비한 내용은 '자전거 안전하게 타기'였다. 그 당시 엄마와 함께 종종 자전거를 타고 동네를 돌아다녔는데 생각보다 위험함과 불편함이 많아 일기에 써놓았었다. 반디가 그 내용에 조금 살을 붙여 말하기 대회용 원고를 만들었는데 엄마의 실력으로는 제대로 확인해줄 수가 없었다. 수도권에서 중학생 대상 영어 과외를 하는 친정 언니에게 크게 문제되는 부분만 체크해달라고 부탁했다. 서너 곳을 바로잡아준 언니는 아이다운 글에 크게 손대지 말라고 충고했다. 원고를 암기해서 대회에 참가해야 한다는데 그러기에는 시간도 많이 빼앗기고 아이도 암기가 쉽지 않다고 해서 틈틈이 읽어보는 것으로만 준비했다. 엄마 또한 A4 용지 한 장 분량의 원고를 외우는 데 필요한 시간과 에너지 때문에 아이의 일상이 흐트러지는 것을 원치 않았다. 우리에게는 말하기 대회에서의 좋은 성적이 중요한 것이 아니었다. 대회 당일 원고를 외우지 않은 사람이 거의 없어서 반디만 중간중간 원고에 시선을 주면서 발표를 했다고 한다.

그런 상황에도 불구하고 반디가 영어 연극반에 선택된 이유는 무엇이었을까? 아이들의 실력 차이는 그다지 크지 않았는데 반디가 왜 눈에 들어왔는지 심사에 참여하셨던 선생님께서 나중에 말씀해주셨다. 반디의 원고 내용이 꾸밈없고 자연스러웠으며 자신의 이야기를 하는 것이어서 자신감이 있었고 심사하는 선생님들과 중간중간 눈맞춤까지 하는 여유가 있었단다. 하지만 무엇보다도 다른 친구들의 발표를 처음부터 끝까지 자리를 지키고 귀담아 듣는 성실함이 예쁘게 보였다는 것이다. 대회는 평일 방과 후에 진행되었다. 아이들은 제각기 방과 후 학원 스케줄을 맞추느라 처음부터 자리를 지키지 못했고 자기 차례가 지나면 자리를 뜰 수밖에 없었다. 그런 상황에서 처음부터 끝까지 자리를 지키고 있는 반디가 눈에 들어온 것이다. 그도 그럴 것이 반디는 그때까지도 사교육을 위한 방과 후 활동이 전무했다. 참가자의 이야기를 모두 지켜볼 수 있는 시간적 여유가 충분했던 것이다. 실력 좋은 선배들과 친구들이 흥미로운 주제로 풀어놓는 이야기를 듣는 것이 재미있었다고 했다. 연극반은 6학년을 중심으로 운영될 예정이었고 5학년은 두 명만 참여시킬 예정이었는데 큰 역할을 소화해야 하는 것도 아니어서 성실함으로 기회를 얻었다.

좋아하는 것을 할 수 있는 시간을 선물하기

/

긴 시간과 많은 정성을 들여야 하는 엄마표 영어를 하면서 반디는 심각하게 슬럼프를 겪거나 흐트러진 적이 없었다. 그 성실함과 꾸준함을 뒷받침해준 것은 무엇이었을까? 아이의 정적인 성향? 엄마의 깊은 개입과 관리? 아니다. 그런 것도 어느 정도는 영향을 미쳤겠지만 가장 큰 선물은 여유였다. 시간 여유!

촘촘히 나누어져 있는 시간, 빼곡히 채워져 있는 할 일, 그런 일상이 아니었기 때문이다. 초등학교에 다니면서는 방과 후 모든 시간이, 홈스쿨을 하면서는 24시간 전체가 제 것이었으니 하고 싶은 것을 할 수 있는 여유는 충분했다. 해야 하는 것을 꾸준히 이어갈 수 있는 성실함도 여유 있는 시간이 뒷심이 되어준 것이다. 큰 욕심 없는 스케줄이었는데 그 여유 덕분에 가장 큰 욕심을 챙길 수 있었다.

연극반 활동 중에도 선배들이나 친구가 학원 스케줄이 꼬여 애를 먹는 것에 비해, 사교육 활동이 전무했던 반디는 너무 편안했다. 단지 시간을 많이 빼앗겨서 다른 해보다 책을 좀 덜 볼 수밖에 없었기에 엄마만 애가 탔던 것이다. 이때 인연이 닿았던 선배들이 중학교에 진학하고 실력 좋은 선배들의 이해할 수 없는 중학교 생활을 들여다보면서 자신의 진로를 고민하게 되었다. 그 고민을 엄마와 이야기 나누다 처음으로 홈스쿨이라는 것을 알게 되었고 긴 고민 끝에 홈스쿨러의 길을 선택했다. 결국 반디의 독특한 선택에 가장 큰 영향을 미친 것은 영어가 아니었을까?

152

3단계 :
아웃풋을 도와줄
파트너 찾는 노하우

처음 엄마표 영어를 시작하며 세웠던 장기 계획에서는 5년 차를 본격적인 아웃풋 시도 시기로 잡았다. 하지만 학교 특별활동으로 시간을 많이 빼앗겨서 꾸준히 노력하기 힘들 것이라 생각되어 1년 뒤로 미루었다. 그러다 보니 반디의 인풋은 5년을 채우게 되었다. 5년 동안 무리하거나 욕심부리지 않고 혼자서도 충분히 가능한 듣기, 읽기에만 집중했다. 이제 아이에게 채워져 있는 것을 토대로 제대로 아웃풋을 노려야 할 시기가 되었다. 우리가 지나온 길과 앞으로 나아갈 방향이나 목표를 변형시키지 않으면서 임계량을 폭발시킬 진짜 아웃풋이 욕심났다. 그러기 위해서는 시너지를 높여줄 파트너와 아웃풋을 이끌어줄 선생님을 찾아야 했다. 급하다고 아닌 길로 갈 수도 없었고 어렵다고 포기할 수도 없었다.

비록 오랜 기다림이었지만, 보람이 있었다. 선생님은 아이의 오랜 인풋을 제대로 건드려주었고, 결국 아이는 폭발에 가까운 아웃풋을 보여주었다. 물론 수업은 별도였고 집에서 엄마표 집중듣기와 흘려듣기는 계속 유지했다. 수업은 사실 아웃풋만을 위한 곁가지였다. 내가 영어를 잘 못했기 때문에 내린 특단의 조치였다. 주된 활동은 여전히 엄마표 듣기와 읽기여야 했다.

선생님은 전문 과외 선생님이 아니라 교포인 동네 이웃이었다. 몇 차례 차 마시고 식사할 기회가 있었는데 무엇에 홀린 것처럼 이분이 아니면 안 될 것 같다는 생각이 들었다. 반디에게 꼭 필요하고 원하는 아웃풋을 들고 가서 이러저러한 사정을 설명하며 우리가 원하는 바를 구체적으로 의논할 수 있었다. 자신만의 커리큘럼이 있는 사교육 전문 선생님이었다면 절대 시도하지 못할 일이었다. 우리가 원하는 것은 분명했다. 정형화된 자신만의 커리큘럼이 확실한 전문가보다는 수요자가 원하는 바를 구체적으로 의논하고 수용할 수 있기를 바랐다. 주변을 한 번 둘러보면 분명 욕심나는 분이 있을 것이다. 미리미리 둘러보고 찾아놓은 뒤, 때가 되면 도움을 받을 수 있도록 신경을 쓰자.

원하는 아웃풋이 정확해야 그에 맞는 선생님을 찾을 수 있다. 어떤 방법으로 아웃풋에 접근해야 지금까지 쌓아놓은 인풋을 끌어낼 수 있을지 구체화시켜야 한다. 아이의 변화를 세심하게 지켜본 엄마라면 할 수 있다. 엄마가 원하는 것이 분명하면, 방법에 맞는 선생님도 눈에 바로 들어온다.

4단계 :
발음이 어색해도
자유롭게 말하기

　드디어 전문적인 지도를 받으며 폭발한 6년 차 아웃풋, 그중 말하기에 대해서 먼저 이야기해보겠다. 반디의 발음에 대한 아웃풋 선생님의 평가가 아직도 기억에 남는다. 선생님은 반디가 하고 싶은 말도 많고 적극적으로 대화에 참여해서 무난하게 소통이 가능한데, 어디에서도 들어본 적이 없는 독특한 발음을 가지고 있다고 했다. 반디의 발음이 오디오북을 읽는 성우의 소리와 아주 유사하다는 것이었다. 혹시 발음을 교정해야 하는지 물었더니 선생님은 명쾌한 답을 주셨다. 전혀 문제가 아니라고! 아이가 하고 싶은 말이 없거나 표현하지 못하는 것이 문제이지, 발음이 제자리를 잡는 것은 그리 어려운 일이 아니라는 것이다. 선생님의 응원은 영어 아웃풋에서 중요한 것이 무엇인지 다시 한 번 깨닫게 해주었다. 파닉스나 음독에 신경 써야 발음이 좋아진다는 사실은 중요하지 않았던 것이다. 생각이 그대로 말과 글이 될 수 있는 사고력을 채우는 것이 우선이라는 확신을 다시 한 번 되새겼다.

이 선생님과 반디는 간단한 리딩 교재를 활용해서 이야기 주제를 선정했다. 리딩 교재를 선택한 건 학습을 위해서가 아니었다. 이야깃거리를 찾기 위해서였다. 이야깃거리를 하나 정해 수업 시간 내내 대화한 뒤 연관된 주제의 영어 글쓰기를 과제로 할 수 있게, 딱 그만큼의 아웃풋만 지도 부탁드렸다. 90분 모두 주제와 관련된 이야기를 나누었다. 수업 시간은 라이팅 주제를 정하기 위해 멈춤 없는 대화로 생각을 모으는 시간이었다.

원어민과 말할 기회도 거의 없었던 6학년 사내 녀석 둘이 2개월도 안 되어 수업 진행이 방해될 정도의 수다쟁이가 되어버렸다. 그동안 어떻게 참았는지 모를 정도로 하고 싶은 말도 많고 나누는 이야기도 풍성해서, 일주일에 두 번인 수업 시간을 선생님이 더 기다렸다는 어마어마한 칭찬도 들었다. 풍부한 이야깃거리를 가지고 아이들뿐만 아니라 그 누구와도 대화 자체를 즐기는 분이었다. 그런 선생님의 성향이 건들면 터질 것 같던 아이들의 말을 트이게 하는 데 큰 도움이 되었다. 아웃풋 파트너를 찾는 엄마라면, 아이의 성향과 선생님의 성향이 잘 맞는지 잘 체크하길 바란다. 이것이 바로 우리나라 사교육을 잘 믿지 못하는 내가 이 아웃풋 선생님을 믿고 의지할 수 있었던 큰 이유였다.

책을 좋아하는 아이는
아웃풋도 빠르다?

저는 '영어 못하는 엄마'입니다. 사실 영어교육에도 큰 욕심이 없어서, 아이에게 영어책 한 권 보여준 적이 없어요. 대신에 '책을 좋아하는 아이'로 컸으면 하는 바람은 있기 때문에, 한글책은 매일매일 꾸준히 읽어주었습니다. 그러다 올해 아이가 초등학교에 입학하면서 '영어 고비'를 맞이하게 되었어요. 엄마표 영어를 하기에는 늦었나 싶어 학원 보낼 생각도 해봤고요. 괜히 학원 보냈다가 아이만 스트레스 받을까 걱정도 됩니다. 누리보듬 님, 한글책만 읽어온 우리 아이의 영어 공부, 너무 늦은 건 아닐까요?

반디와 아웃풋을 함께한 친구 이야기를 하려고 한다. 이 친구는 다른 지방에서 학교를 다니다 4학년에 반디 학교로 전학을 왔다. 아이 엄마가 동네에 와서 놀란 것은 영어교육의 속도였다. 이전에는 초등학교 3학년에 학교 교과로 영어를 시작하는 것이 자연스러웠고 특별한 사교육 없이 지냈었는데 이곳은 달랐던 것이다. 어쩌다 보니 같은 반에서 단짝친구가 되어버린 두 아이 덕분에 엄마까지도 동갑이라는 이유로 깊이 마음을 나누는 사이가 되었다. 아이 엄마는 모두가 서두르는 발걸음 안에서 독불장군처럼 사교육 없이 버티고 있는 반디의 영어 습득 방법을 궁금해했다.

반디에게 그 친구 이야기를 들은 기억이 있었다. 우리말 책을 읽는 수준이 자신보다 훨씬 높았고 정말 책을 좋아하는 친구라는 것이다. 조심스럽게 친구가 된 아이 엄마에게 반디의 영어 습득 방법을 자세히 이야기해주고 원서를 추천해주었다. 학년이 차서 시작했지만 우리말 독서의 바탕이 탄탄하고 두터웠던 아이였다. 그래서인지 집중듣기를 통해 원서를 읽는 속도가 기대했던 것 이상이었다. 5학년 2학기 말쯤 책을 바꿔볼 기회가 있었는데 그 친구에게 빌려온 책 중에는 반디가 읽고 있는 레벨 이상의 것도 보였다. 초등 1학년에 시작해서 5년간 꾸준히 원서를 읽었던 반디의 속도를 1년 반만에 따라잡을 수 있을 정도로 획기적인 계획과 노력을 했다는 것이다. 이 친구의 꾸준한 노력과 성장 속도가 욕심났다. 그래서 아이가 같은 그룹에서 함께할 만한 실력이 아니라고 망설이는 아이 엄마를 설득해서 함께 아웃풋을 지도받았다. 이 친구가 처음의 영어 실력 차이를 극복하는 데는 그리 오랜 시간이 걸리지 않았다. 중학교 역시 학교 시스템 안에 속해 있었지만 일반적인 영어 사교육에 만족하지 못하고 학교교육과는 거리가 있는 이 길에서 꾸준히 홈스쿨러였던 반디의 파트너가 되어주었다.

그 친구의 영어 글쓰기 이야기도 재미있다. 아이가 과제로 받아온 글쓰기를 어떻게 대하는지 아이 엄마에게 들어서 알고 있었기에, 선생님께서 반디의 글쓰기와 비교 설명해주시는 말씀이 십분 이해가 되었다. 아이 엄마의 말은 이랬다. 아이는 과제로 받아온 글쓰기를 위해 책상에 앉으면 머리를 감싸 쥐고 오랜 고뇌의 시간을 갖는단다. 자신이 다른 친구들보다 영어를 늦게 시작했기에 실력이 부족하다고 생각했고 그래서 과제라도 최대한 열심히 하려고 했다는 것이다. 그렇게 고뇌의 시간을 가지면서 구조를 완성하고 좋은 단어를 찾아보고 난 후에야 과제를 시작한다니 얼마나 대견하고 기특한 일인가. 지켜보는 엄마는 답답함에 아이를 닦달하게 되고 따라가기 어려운 수업을 시키고 있는 것은 아닌지 걱정을 했지만 말이다.

선생님 말씀을 빌리자면 그 친구의 글쓰기는 매주 성장이 눈에 보인다고 했다. 적당하고 좋은 단어를 적절하게 활용할 줄 알고 그러다 보니 내용은 함축적이면서도 충분한 전달력을 가지고 있다는 것이다. 생각에 생각을 거듭하고 쓰다 보니 시간이 오래 걸려서 하고자 하는 말을 전부 풀어내지 못하는 아쉬움은 있지만 이 또한 나아질 것이라 믿고 계셨다.

이 부분에서 혼자 결론을 하나 내렸다. 이 친구에게는 다른 두 친구보다 월등하게 높은 우리말 독서 내공이 있었다. 그것이 언어라는 테두리 안에서 탄탄한 기본이 되어주었던 것이다. 친구들보다 영어를 늦게 시작했지만 짧은 기간에 따라잡을 수 있는 내공을 이미 우리말 독서로 다져놓은 상태였다.

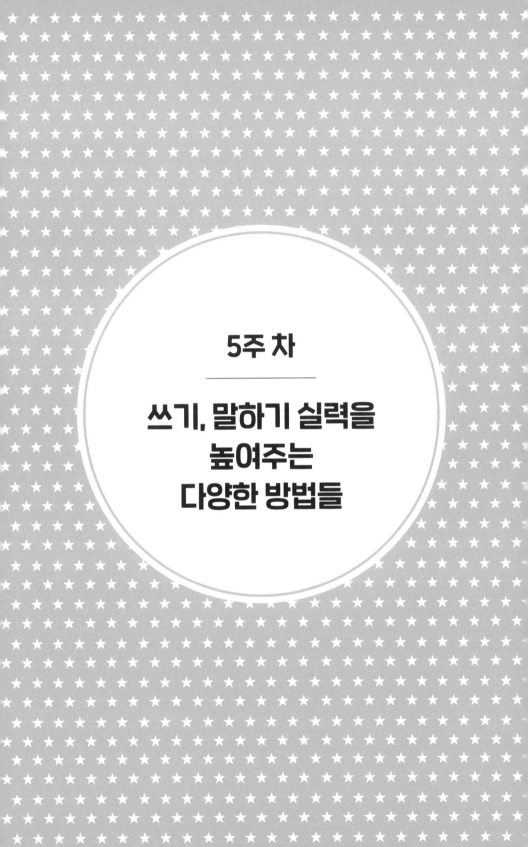

5주 차

쓰기, 말하기 실력을
높여주는
다양한 방법들

1단계 :
새로운 단어들을
적극적으로 활용하기

영어 글쓰기 역시 어느 정도 수준에 올랐을 때는 아웃풋 선생님께 도움을 요청했다. 이야깃거리 하나를 잡고 글쓰기 주제를 정하기 위해 대화를 나누며 수업을 진행했다. 내 입장에서는 이런 이야기를 애들이 어떻게 쓰나 싶었지만, 아이들은 이미 수업 시간에 충분히 대화를 나누었기에 주제 자체에 어려움을 느끼지 않았다. 그저 수업 시간에 나누었던 이야기를 자기 생각대로 정리하면 되는 것이었다.

이때 주제를 정하기 위해 활용했던 리딩 교재에 등장한 새로운 단어와 말하기 중간에 알게 된 단어들을 자신의 글쓰기에 적극 활용하는 연습을 추가했다. 이 정도가 가능한 고학년이면 가지고 있는 어휘력도 상당하다. 그런데 알고 있는, 난이도 있는 좋은 단어를 자신의 글에 적절히 활용하기 위해서는 연습이 필요하다. 143쪽에서 이야기한 '엄마표

162

영어 단어 학습법'을 참고하자.

엄마표 영어 5년 동안 아무에게도 첨삭 받지 않고 일기를 써온 반디는 당시 영어로 생각을 쏟아내는 것에 이미 익숙해져 있었다. 쉽지 않은 주제의 쓰기 과제를 받아왔지만 A4 1페이지 분량의 글쓰기를 완성하기까지 30분이 걸리지 않았다. 그런데 지켜보는 엄마는 불안했다. 말로 표현하는 것과 글로 표현하는 것이 달라야 하는데 반디는 그것이 거의 일치한다는 것이다. 말과 글의 차이 없이 하고 싶은 말을 그대로 '글씨'로 옮겨놓는 것이다. 그러다 보니 함축적인 단어 사용이 서투르고 문장이 장황해지고 유사한 문장을 반복하는 산만한 구성이었다. 구조가 보이지 않는 글이었다. 왜 아이의 글쓰기 과제 시간이 짧았는지 그제서야 이해가 되었다.

나는 이제 반디가 정확한 글쓰기 진단을 받아도 좋겠다는 생각이 들어 선생님께 상담을 요청했다. 욕심을 좀 더 부려보기로 한 것이다. 이후 선생님께 세밀한 수정, 문법적인 첨삭을 받으며 반디는 문장 구조를 생각하며 글 쓰는 습관을 익혔다. 게다가 정형적이지 않고 창의적인 문장을 쓸 수 있게 되었다. 이 부분은 오히려 '첨삭 없는 영어 일기를 쓰던 시간'이 든든한 밑받침이 된 결과였다. 엄마표 영어 초기 때부터 일기 첨삭을 했다면, 아이는 생각을 풍성하게 표현하지 못했을 것이다.

2단계 :
영자신문
디베이트 활용법

6학년 겨울방학, 반디는 원서와 함께 병행하며 읽을거리를 찾다가 'EBS English'의 청소년용 신문 기사를 다시 보기 시작했다. EBS English 홈페이지에는 발행 중인 어린이 또는 청소년용 영자신문의 일부 기사들을 1~2주에 한 번씩 업데이트하고 있었고 무료로 활용 가능했다. 당시 청소년용 신문은 기사 본문 하단에 두세 개의 질문이 첨부되어 있었다. 단답형보다는 생각이 필요한 질문들이 나오고는 했다. 그 질문에 대해 우리말로 반디와 생각을 나누는 시간을 가졌다. 이런 대화를 영어로 받아주고 생각을 끄집어낼 수 있다면 얼마나 좋을까 욕심이 생겼다. 그 시기에 하면 좋을 활동 디베이트였다. 중학교에 입학한 반디 친구도 영어교육 방향에 고민이 깊었지만 대안이 없었다. 하고 싶은 것이 분명해졌으니 아웃풋 선생님께 다시 사정해서 어렵게 하반기 6개월

디베이트 자료를 얻을 수 있는 EBS English 홈페이지

을 확보할 수 있었다.

집에서 디베이트 활동을 해보았지만, 내 실력은 아이의 영어 실력을 따라가질 못했다. 고민을 하다가, 딱 6개월만 아웃풋 선생님께 디베이트 지도를 부탁했다. 그리고 엄마표의 힘을 믿고 있고 교육 방향이 비슷한 반디의 친구들을 섭외했다.

주 1회 발행되는 청소년용 영자신문 기사 전체를 아이들 각자 집에서 미리 읽어본 후, 아웃풋 선생님과 함께 관심 있는 기사를 선정해서 토론하는 방식으로 진행했다. 시사적인 기사에 대해 찬반 입장을 분명히 해서 자신의 의견을 설득력 있게 제시해야 했다. 흥미 위주의 이야기가 아닌, 상대를 이해하고 설득해서 동의를 구해야 하는 의사 전달이라 쉽지 않은 수업이었다. 하지만 아이들은 딱 그 나이만큼의 생각을 망설임 없이 잘 표현했고, 나와 선생님 역시 아이들을 제어하지 않았다.

아이들의 성취감과 만족도도 높았다.

토론 후 생각을 정리하는 글쓰기 과제가 있었는데 글의 종류나 목적에 따라 설명문, 논설문, 감상문, 보고문 등등 각각 다른 형식과 전개를 가지는 글쓰기 기술을 다듬어나갈 수 있었다. 6개월이 너무 짧았다. 지속할 수 있을지 선생님께 상의드렸다. 청소년용으로 나와 있는 국내 영자신문 기사로는 깊이 있는 사고와 토론이 가능한 좋은 글을 찾기가 힘들다는 선생님과 아이들의 공통된 의견이 나왔다. 더 이상 같은 방법으로 수업하는 것은 크게 도움이 될 것 같지 않다는 합의에 도달하고 다시 각자의 방법을 찾아야 했다.

초등 졸업 후 반디는 홈스쿨을 시작했다. 영어에 투자하는 시간은 현저히 줄었지만 원서는 꾸준히 읽도록 했다.

EBS English 홈페이지
www.ebse.co.kr

3단계 :
8년 차, 영어 해방의
꿈을 이루다

   다시 혼자만의 방법으로 영어를 유지해야 했던 엄마표 8년 차의 모습은 단 한 가지로 요약된다. 고전 읽기. 고전은 어떤 책을 어떻게 읽는지가 중요하다. 우리가 제대로 된 책이 아니고 세계 명작 동화 수준으로 읽어버리고 만 고전이 얼마나 많은지 알면 놀랄 것이다. 8년 차 반디가 읽었던 고전들은 시대에 따라 연령에 맞게 수정하거나 축약된 내용이 아니다. 본래 그대로의 내용을 담은 책이었다.

   원서 읽기의 마지막 단계면서 책 중의 책이라 할 수 있는 것이 고전이다. 8년 차에 반디가 읽은 고전들은 혼자 읽고 덮기에는 아쉬움이 많은 작품들이었다. 믿을 수 있는 건 선생님뿐. 다시 부탁드려 이번에는 한 달에 한 번 함께할 수 있는 기회를 얻었다. 미리 만들어둔 고전 리스트를 참고하여 선생님과 아이들이 함께 고른 작품을 읽고 한 달에 한 번 모여 주제, 주인공, 작가, 시대적 배경 등 각 작품에 맞는 주제를 이야기했다. 이야기를 나눈 뒤 하나의 글쓰기 주제를 정해 글을 쓰는 것을 여덟 번 함께할 수 있었다. 역시 앞에서 말한 친구와 함께였다. 횟수로 보면 별거 아닌 수업이었지만 고전을 이해하는 데 많은 도움이 되었다. 작가가 전하려는 의도와 맞지 않더라도 책에 대한 자신의 생각이나 느낌을 함께 나눌 수 있었고 그 '소통의 도구'가 영어인 것에 감사했다.

이렇게 엄마표 영어 8년을 마친 뒤 반디는 16세에 호주 대학 진학을 선택할 수 있었다. 16세 8월에 해외 대학 입학 자격 영어인증시험, IELTS를 독학으로 20여 일 공부해서 무난히 필요 점수 이상을 받았다. 그리고 2013년 1월, 이민 가방 두 개 달랑 들고 바다 건너 시드니에 도착하면서 아이에게 영어는 실전이자 일상이 되어버렸다.

아웃풋에 사교육을
적절히 활용하는 방법

저는 10세 딸 아이의 엄마입니다. 아이의 말하기, 글쓰기 능력이 눈에 띄게 향상되지 않는 것 같아 마음이 급합니다. 유치원 시절부터 엄마표 영어, 학원 등 영어교육에 많은 신경을 썼어요. 영어 영상물도 틀어주고 영어책도 자주 보여주려고 노력 중입니다. 제가 영어를 잘하는 것도 아니어서, 말하기 연습을 어떻게 시켜야 할지 모르겠어요. 이제 저도 지치는 듯하고 아이만 너무다그치나 싶기도 합니다. 아이의 영어 아웃풋, 어떻게 해야 좋을까요?

앞의 내용에서 보았듯 인풋 5년의 시간 뒤 6년 차에 본격적인 아웃풋을 시도했다. 그리고 7~8년 차는 간헐적인 아웃풋 활동이 추가되었을 뿐 영어에 그리 많은 시간을 투자하지 않았다. 차곡차곡 쌓았던 인풋이 임계량을 넘었다 생각되는 시기에 적절한 도움을 받으니 단시일에 엄청난 폭발력으로 발현될 수 있었다. 실질적으로 반디의 아웃풋은 6년 차, 1년 동안 완성에 가깝게 이뤄졌다. 원래는 5년 차부터 아웃풋을 시도하고 싶었는데 시간이 허락되지 않았다. 무리하면 할 수도 있었지만 어떻게 공들인 인풋인데 어설프게 접근해서 시간에 쫓기고 싶지 않았다. 눈 딱 감고 1년 뒤로 미루었다. 그조차 잘 기다린 것이라 생각한다. 좋은 말로 하면 기다림, 나쁜 말로 하면 게으름.

진짜로 건들면 아웃풋이 터질 것 같은 시점이 분명 있다. 그럴 때 아웃풋을 제대로 폭발시킬 수 있는 방법을 고민하고 준비해야 한다. 파트너를 찾아보자. 분명 욕심나는 친구들이 있다. 도움받을 수 있는 선생님을 관심 갖고 미리 찾아보자. 하루아침에 찾을 수는 없지만 어떤 분이 필요한지 마음속으로 분명히 그리고 둘러보면 눈에 들어온다. 그것이 엄마표 영어의 길에서 엄마가 할 수 있는 최선 중 하나다. 인풋이 안정된 아이는 외부 도움이 필요할 때를 잘 맞추어보자. 혼자보다는 몇 명이 모여 전문가의 도움을 받는 것이 더 효과적이다. 사교육 필요 없는 인풋 집중 시기에는 엄마가 아이의 영어 습득에 적극적으로 관심을 가지고 지켜보자. 영어를 못해도 흐름을 보며 전체를 보는 시각을 기를 수 있다. 그렇게 기른 시각으로 어떤 아웃풋이 내 아이에게 필요한지가 보이는 것이다. 도움 줄 사람에게 그 부분을 도와달라 요청할 수도 있다.

사교육이 방해가 되는 시기도 있지만, 사교육이 필요한 때가 분명 있다. 모든 사교육이 그렇듯 꼭 필요한 때에 도움을 받으면 최소 비용으로 최대 효과를 얻을 수 있다. 엄마표 영어를 제대로 하기로 계획했다면 인풋 시기는 사교육을 피해서 시간을 확보하는 것이 유리하다. 특히 아웃풋은 아이가 지금까지 쌓아온 시간을 바탕으로 제대로 끄집어낼 수 있는 전문가를 찾아 도움 받는 것을 추천한다. 그런데 엄마표 영어로 인풋을 쌓은 아이가 사교육의 도움을 받아야 할 때는 깊이 고민해보자. 우리나라 교육 시스템에 맞춰진 자신만의 커리큘럼이 확고한 학원이나 과외 선생님께 전적으로 또 장기적으로 아이를 맡길 수 있을까? 보이는 것에만 신경 쓰는 학습 방법, 정형화된 틀에 맞추는 접근을 경계해야 한다. 아이 스스로의 생각이 필요 없는 반복적이고 형식적인 과제물로는 들어간 만큼 돌려받기 힘들기 때문이다. 누군가 엄마표 영어 방법으로 영어를 잘하게 해준다는 유혹에 속지 말자. 엄마가 아닌 이상 엄마표 영어로 시작은 할 수 있지만 끝은 볼 수는 없을 것이다. 끝을 보고 싶은 분들이라면 직접 제대로 엄마표 영어에 대해 열심히 공부하자. 그리고 실천을 구체화시켜 계획하고 아이와 함께 걸어보자. 오래지 않아 혼자서도 잘 가는 아이의 뒷모습 보면서 흐뭇해할 날이 올 것이다.

몇 년이 되었든 결국 이 길에서 최선을 다하고 실천해야 하는 사람은 아이다. 그래서 엄마의 짝사랑으로 갈 수 없다고 잔소리하는 것이다. 그렇다면 영어 완성에 닿기까지 8년 동안 나의 최선은 무엇이었을까? 엄마가 직접 영어 공부를 하지 않아도 좋았다. 엄마가 직접 영어책을 읽어주지 않아도 좋았다. 엄마가 직접 영어를 가르치지 않아도 좋았다. 그래서 나도 할 수 있었다. 대신 가고자 하는 길을 깊고 정확하게 공부했다. 또한 엄마표 영어의 모든 순간을 아이와 함께하며 때를 놓치지 않도록 긴장했다. 그러다보니 아이는 영어 해방의 꿈에 다다를 수 있었다.

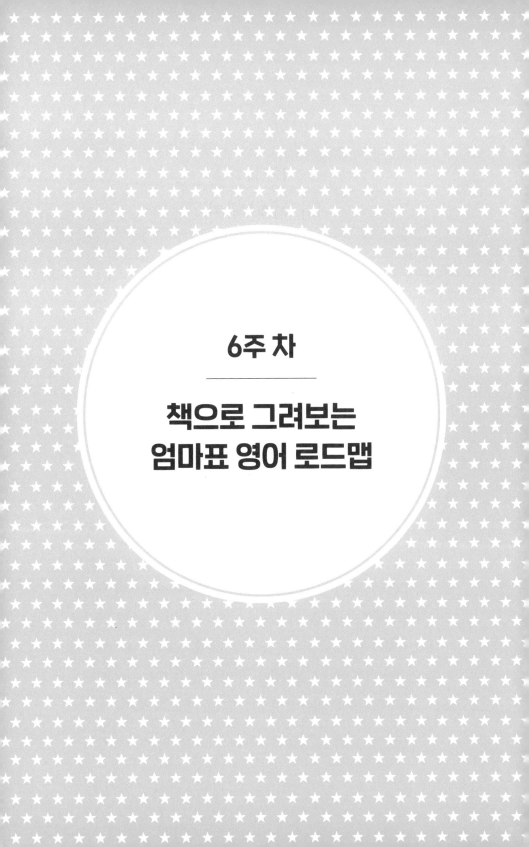

6주 차

책으로 그려보는
엄마표 영어 로드맵

1단계 :
내 아이에게
맞는 책 고르기

6주 차 주제로 함께할 이야기는 반디가 8년 동안 엄마표 영어를 진행하면서 읽었던 책에 관해서다. 엄마표 영어의 핵심인 원서 읽기를 통해 영어 습득과 사고력 확장, 두 마리 토끼를 잡겠다는 거창한 목표를 세우고 무엇이 가장 고민이었을까? '어떤 책을 어떻게 읽어야 할까?'였다. 무엇보다 어려웠지만 또 무엇보다 중요했던 것이 내 아이에게 맞는 책을 고르는 것이다. 아이와 엄마표 영어를 해보겠다고 용기를 냈을 당시 우리 집은 이중언어 환경을 제공하는 것은 꿈꿀 수도 없었다. 낮밤으로 영어를 공부한 뒤 아이를 가르칠 만큼 영어를 잘하는 엄마도 아니었다. 얼굴도 보기 힘들었던 아빠는 늘 아이 교육에서 열외였다. 그렇다고 포기하기에는 너무 아쉬운 길이었다. 이 길을 깊이 들여다보고 경험자들의 이야기를 읽고 또 읽다 보니 엄마가 할 수 있고 해야만 하는 공부가 따로 있음이 분명히 보이기 시작했다. 해마다 현지 또래에 맞춘 리딩 레벨 업그레이드를 위해 아이가 흥미를 가지고 읽을 만한 좋은 책을 고르는 공부였다. 그런데 우리말 책도 아닌 영어책을 때에 맞춰 골라주는 것이 쉽지 않았다. 2005년 당시 시내 공공도서관에 있는 영어책은 지금과 비교할 수 없을 정도로 부족했다. 오프라인 원서 전문 서점도 변변치 않았던 지방이었다. 하지만 상황이나 형편을 탓하고 있을 수만은 없었다. 해야 할 공부가 분명해졌으니 상황과 형편에 맞추는 수밖에 없었다. 가까이에 오프라인 서점이 없다고, 영어를 못한다고 방법까지 없는 것은 아니었다. 먼저 책 고르기에 적극적으로 시간을 투자하자고 마음먹었다.

원서 전문 홈페이지, 커뮤니티 찾아보기
/

우리말로 설명이 잘 되어 있는 원서 전문 서점 홈페이지와 책과 관련한 선배들의 경험을 참고할 수 있는 커뮤니티에 적극적으로 관심을 가졌다. 이런 곳은 이용하는 사람에 따라 그 가치가 현저하게 달라진다. 어찌 보면 인터넷의 모든 정보가 이런 양면성을 가지고 있다. 책도 블로그 글도 타이밍이 맞는 누군가에게는 큰 의미로 다가가지만 그렇지 않다면 관심 밖으로 스쳐 지나간다. 관심을 가지고 뒤지다 보니 누군가에게는 의미가 없을지 몰라도 나에게는 의지와 희망이 되어주는 페이지들이 넘쳐났다. 여기저기 수많은 글을 읽어보고 책을 고르는 기준을 정할 수 있었다. 아이의 성향을 고려해서 관심을 가지고 볼 만한 책이어 야 했다. 아이의 나이, 정서, 사고능력 안에서 이해가 가능한 내용이어 야 했다. 한글 독서 능력을 고려해야했다. 그 모든 것을 고려해야 하지 만 초기에는 일단 재미있어야 했다.

이렇게 책을 고르는 기준은 그림책과 리더스북에 해당하는 것이 아 니다. 앞에서도 강조했지만 본격적인 엄마표 영어의 시작은 챕터북을 만나면서부터다. 그래서 책 공부 또한 챕터북부터였다. 워밍업 단계에 서는 책을 활용하지 않았다. 워밍업 단계에서 만나면 좋은 그림책은 우 리말 번역본으로 충분히 즐기면 됐다.

학년에 맞는 도서 목표 세우기
/

하루 이틀에 되는 것은 아니다. 전체 단계를 꼼꼼하고 구체적으로 계 획을 세우고 싶었지만 초기에는 나아갈 방향의 큰 틀을 잡는 것에 만족 해야 했다. 큰 틀은 이랬다. 집중듣기를 어떻게 해나갈지 학년별 계획을 세웠다.

- 1학년 : 멀티미디어 동화 사이트 집중듣기
- 2~3학년 : 챕터북 시리즈 집중듣기
- 4학년 : 작가별 단행본 집중듣기
- 5~6학년 : 뉴베리 수상 작품 집중듣기

이렇게 쌓은 시간을 토대로 이후에는 원서 읽기의 최종 목표인 고전 읽기를 목표로 잡았다. 각각의 시기에 활용할 책들은 아이가 집중듣기 하는 동안 한 발짝 앞서 준비하면 됐다. 각종 온오프라인에서 다음 해에 이용할 책 정보를 수집하는 것이다. 이렇게 준비하는 동안 노하우도 생겼다. 블로그 게시물을 통해 영어 원서 전문 사이트와 사용 후기를 참고하면, 책을 읽지 못했어도 아이가 책을 읽고 툭툭 던지는 말에 적극적으로 반응을 할 수 있다. 다양한 커뮤니티의 원서 활용 후기를 활용하면 아이가 읽는 책, 또 읽을 책을 엄마가 다 읽어야 한다는 부담에서 벗어날 수 있었다. 번역본이라도 아이가 읽는 책을 함께 읽은 것은 극히 일부였다. 실천해보면 오래 지나지 않아 알게 될 것이다. 아이와 같은 속도로, 또는 그보다 앞서서 책을 소화하기 쉽지 않다. 그래서 엄마가 책 내용을 이해할 수 있고 확인 가능한 선에서 아이의 읽기를 멈추거나 지연시키기도 한다. 성향에 맞지 않는 반복을 시키면서, 비슷한 수준의 책들만 선택하면서. 아이는 충분히 다음 단계로 업그레이드 가능한 상태지만 엄마의 불안으로 아이의 성장을 발목 잡고 있는 안타까운 상황을 종종 보게 된다. 그러지 말자. 아이들의 능력은 엄마들이 상상하는 그 이상이다.

리딩 레벨, 아이의 자생력을 믿어라

또래에 맞는 꾸준한 리딩 레벨 업그레이드를 위해서는 아이들의 자생력을 믿어야 한다. 처음부터 단어 하나를 직접 가르치려 시도하지 않고 영어책 한 권을 엄마 목소리로 읽어주지 않았던 이유 중 하나도 변명 같지만 이 자생력 때문이었다. 내 영어 실력의 한계를 너무 잘 아는데, 아이는 해마다 현지 또래만큼의 레벨을 유지해야 한다. 엄마가 직접 가르치기 위해 날밤 새워 공부해도 아이의 속도를 따라가지 못할 것이 자명했다. 잘못 손대면 혼자서도 나아갈 수 있는 아이를 엄마가 감당할 수 있는 수준에서 발목을 잡거나 엄마가 확인 가능한 선에서 멈추는 무서운 상황을 만날 것 같았다. 아이가 엄마 정도의 영어 실력을 가지는 것이 목표가 아니었기에 깊은 개입을 미련 없이 포기했던 것이다. 한결같은 꾸준함으로 제 나이에 맞는 좋은 문장을 담은 책을 골라 아이의 자생력으로 꾸준히 레벨업을 이어갈 수 있도록, 절대필요량을 채우는 소리 노출에 집중할 수 있도록 도와주었다. 아이 학원 숙제를 확인하는 것도 힘들어했을 영알못 엄마가 제대로 엄마표 영어의 길에서 할 수 있고 해야 할 일이었다.

2단계 :
스토리북 &
리더스북

스토리북 아래 단계로 두꺼운 종이의 영유아 대상 보드북이 있다. 그건 책이라기보다 장난감으로 생각했다. 스토리북과 리더스북은 영유아부터 초등학생까지 다양한 연령을 대상으로 한다. 텍스트보다는 그림 위주라고 생각하면 된다. 읽기가 익숙하기 전에도 그림으로 의미 유추가 가능하다. 스토리북은 우리가 알고 있는 그림책 정도로 이해하면 되는데 리더스북이 조금 애매했다. 2005년 당시의 리더스북은 지금처럼 다양하지 않았다. 우리나라 책에서는 볼 수 없는 형태였다. 그 당시는 읽기 연습을 위한 리더스북이 많았다. 의도적으로 구성된 문장들로 이야기를 만드니 내용이 빈약해서 대다수의 아이들이 흥미를 느끼기 힘들었다. 요즘은 리더스북 단계의 책들이 얼마나 다양하게 수입되었는지 책값에 부담이 없다면 욕심부려볼 만한 시리즈도 많다.

공공도서관에 비치되어 있는 원서 중에도 그림책과 리더스북 단계의 책이 많다. 군이 구입하지 않아도 좋은 책을 쉽게 빌릴 수 있다. 앞에서 이야기했듯이 우리는 이 두 카테고리를 멀티미디어 동화 사이트로 대체했기에 원서로 읽은 경험이 없다. 덕분에 돈도 절약했다. 우리는 번역본으로 읽었지만 원서를 만날 수 있는 방법이 편리하고 다양해졌다. 공공도서관 영어 원서 코너에서 좋은 그림책을 고르기 위해서 표지와 제목을 유심히 보자. 도서관에 나들이 가서 영어 그림책이 줄지어 있는 책장 앞에 섰을 때 익숙한 책들을 많이 만날 수 있을 것이다.

3단계 :
챕터북
시리즈

그림책과 리더스북 이상의 책은 대부분 챕터북 형식이다. 챕터북 시리즈를 넘어 단행본 소설이나 뉴베리 수상작, 심지어 고전도 챕터별로 나누어져 있다. 챕터북 진행 초기에는 단행본보다는 시리즈로 접하는 경우가 많다. 개인적으로 단행본 소설을 읽기 전 챕터북에 익숙해지기 위해 초기 챕터북을 시리즈로 읽는 것도 좋다고 생각한다. 빠른 안정과 이해도 향상에 도움이 된다. 챕터북 시리즈는 그림책이나 리더스북과 달리 그림보다 텍스트 위주로 구성되어 있어 몇 페이지에 하나씩 삽화가 포함된다. 100페이지 내외의 길이를 몇 개의 챕터로 나누어놓았다. 수 권에서 수십 권으로 구성된 시리즈물만의 특징도 있다. 같은 주인공이 매번 다른 에피소드를 만든다. 일상생활, 미스터리, 역사, 판타지, 위인, 코믹, 추리, 모험, 과학, 공포 등 장르도 다양하다. 어휘, 문장, 문법

난이도에 따라 다양한 레벨의 시리즈가 있다.

왜 시리즈물을 선택했는가?
/

챕터북 첫 시작으로 시리즈를 선택했던 이유는 무엇일까? 그림책, 리더스북도 마찬가지이지만 멀티미디어 동화 사이트 또한 한 편을 집중듣기 하는 데 단위 시간이 그리 길지 않다. 여러 편을 함께 보아야만 약속된 한 시간을 채울 수 있었다. 챕터북 시리즈는 책 한 권으로 매일 집중듣기 한 시간을 채울 수 있다. 또한 매일 집중듣기를 하려면 많은 책이 필요했다. 챕터북 시리즈는 등장인물은 같고 에피소드는 변화하면서 내용은 비슷한 패턴으로 반복된다. 반복적이고 익숙한 상황 속에서 같은 단어나 문장이 빈번하게 등장한다. 의도하지 않아도 자연스럽게 반복이 가능하다.

아이는 주인공의 또 다른 이야기도 궁금해진다. 같은 내용인 듯 다른 내용을 읽다 보면 뒤로 갈수록 이해도도 상승한다. 이런 이유로 시리즈를 시작하면 한동안은 특별히 책 선정이나 반복에 대한 고민 없이 자연스럽게 진행할 수 있었다. 하나의 시리즈에 빠져 순서대로 차곡차곡 시리즈가 끝날 때까지, 이런 진행은 집중듣기가 습관을 넘어 일상으로 안정되는 것도 빨라진다. 바꿔 생각해보자. 시리즈물이 아닌 단행본을 골랐다면 반복을 싫어하는 아이 성향을 맞춰 매일 새로운 책을 확보할 수 있었을까? 엄마의 수고로움, 현실적인 측면에서도 시리즈물은 엄마표 영어의 좋은 재료가 되어주었다.

챕터북 시리즈, 초등 2~3학년이 적기다

/

반디의 진행을 기준으로 보면 2년 차, 3년 차에는 시리즈물을 활용하는 것이 안정적이고 이해도 역시 높을 것이다. 북레벨 2.0~3.0대의 챕터북 시리즈를 추천한다. 아이가 관심을 가질 내용이라 생각되면 국내 원서 전문 사이트에 들어가 제목을 검색해보자. 자세한 책 정보가 우리말로 제공된다.

더해서 유명 시리즈나 유명 작가라면 원문의 홈페이지나 작가 홈페이지 등을 꼭 방문해보자. 186쪽부터 참고 가능한 도서목록, 웹페이지 주소를 수록해놓았다. 영어로 된 원문 사이트지만 몇 번 시행착오를 겪다 보면 원하는 정보를 찾아내기 어렵지 않다. 우연히 찾는 귀한 정보에 깜짝깜짝 놀랄 수도 있다. 아이가 엄마표 영어를 진행하는 동안 엄마가 해야 하는 원서 공부를 어려워하지 말자. 좋은 책을 고르는 안목도 키울 수 있고 활용 가능한 정보도 쉽게 찾을 것이다.

4단계 :
작가별 단행본
추천 리스트

    챕터북 시리즈에 이어서 다음 단계로 선택한 것은 작가별 단행본이었다. 원서에 관심을 가지고 공부하다 보면 시리즈는 아니지만 시리즈 비슷한 성격으로 출판되는 같은 작가의 책들이 있다. 전작의 반응이 좋아 긴 기간을 두고 후속편이 나오기도 한다. 자주 거론되는 작가에게 관심을 가지면 흥미로운 책을 찾을 수 있다. 반디는 3년 차에 우연하게 미국 교과서를 읽게 되었고 학년에 맞게 꾸준히 읽었다. 미국 교과서도 우리나라 교과서처럼 유명한 책의 일부분을 발췌해서 실었다. 단원 마지막 부분에 본문과 연관된 주제의 다른 책이나 작가를 소개하는 내용이 있었는데 세계적인 작가를 알아가는 재미의 시작이었다. 국내 원서 전문 서점 카테고리에서도 작가별 접근이 가능하다. 이 또한 관심 가져볼 만하다.

시리즈와 마찬가지로 단행본도 챕터북 형식이다. 글밥이 많아지고 두께가 두꺼워졌을 뿐 아이가 읽던 챕터북과 다르지 않으니 리딩 레벨만 제때 업그레이드하면서 나아가면 된다. 그래서 2년 차 챕터북 안정이 중요한 것이다. 매체 형태의 변화는 그때뿐이니까.

이 책에서는 모 윌렘스, 재클린 윌슨, 셀 실버스타인, 주디 블룸, 엘윈 브룩스 화이트 등 대표적인 작가 몇 명을 소개했다. 블로그의 책 소개 '작가별' 카테고리에도 더 많은 작가들에 대해 포스팅 중이다. 지속적으로 채워나갈 카테고리다. 두 곳을 함께 참고하면 작가별 단행본을 고르는 데 도움이 될 것이다. 내 아이의 미래를 위해 최고의 작가들 책을 조사하고 저장해놓는 것도 엄마가 할 수 있는 책 공부 중 하나일 것이다.

모 윌렘스 책 소개

미국의 대표적인 스타 작가인 모 윌렘스Mo Willems는 현대 동화계의 새로운 거장이라 칭송 받고 있다. 유아기 아이들을 키우고 있는 엄마들 중 그림책에 관심 있는 분들은 표지 그림만으로도 친숙한 캐릭터들을 알아볼 수 있을 것이다. 모 윌렘스는 우리에게도 잘 알려진 〈세서미 스트리트Sesame Street〉의 방송작가로 데뷔하여 '에미상'을 여섯 차례나 수상했으며 여러 분야에서 다양한 수상 경력이 있다. 미국도서관협회가 전년도 출간된 그림책 중 가장 뛰어난 작품에 수여하는 그림책 분야의 최고상 '칼데콧 아너상'을 세 차례나 수상했으니 꼭 만나봐야 할 작가다. 모 윌렘스의 책을 시리즈별로 소개한다. 우리나라에 번역된 작품은 번역서 제목도 함께 표시했다.

● Pigeon 시리즈

Don't Let the Pigeon Drive the Bus!
비둘기에게 버스 운전은 맡기지 마세요!

2003년 | 2004 Caldecott Honor 수상 | 36쪽

The Pigeon Finds a Hot Dog!

2004년 | 32쪽

The Pigeon Loves Things That Go!

2005년 | 10쪽

The Pigeon Needs a
Bath! (I Do Not!)

2014년 | 40쪽

The Pigeon has to go
to school!

21019년 | 40쪽

The duckling gets a
cookie!?
오리야, 쿠키 어디서 났니?

2012년 | 40쪽

● Knuffle Bunny 시리즈

Knuffle Bunny Too :
A Case of Mistaken
Identity

2008년 | 48쪽

Knuffle Bunny : A
Cautionary Tale

2004년 | 36쪽

Knuffle Bunny Free
: An Unexpected
Diversion
내 토끼가 또 사라졌어!

2011년 | 48쪽

● Elephant and Piggie 시리즈

Today I Will Fly!

2012년 | 64쪽

I Am Invited to a Party!

2012년 | 64쪽

There Is a Bird on Your
Head!

2007년 | 57쪽

Can I Play Too?

2010년 | 64쪽

Elephants Cannot
Dance!

2009년 | 64쪽

We Are in a Book!

2010년 | 57쪽

● Cat the Cat 시리즈

Who Flies, Cat the
Cat?

2014년 | 22쪽

What's Your Sound,
Hound the Hound?

2010년 | 32쪽

Time to Sleep, Sheep
the Sheep!

2010년 | 32쪽

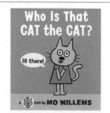

Who is that Cat the
Cat?

2014년 | 22쪽

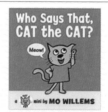

Who Says that, Cat the
Cat?

2014년 | 22쪽

Cat the Cat, Who Is
That?

2010년 | 32쪽

188

책과 관련된 액티비티를 제공하는 모 윌렘스 홈페이지

모 윌렘스 홈페이지
www.mowillems.com

재클린 윌슨 책 소개

재클린 윌슨Jacqueline Wilson은 마치 눈으로 들여다보듯, 아이들의 마음을 글로 표현해내는 영국의 대표 작가다. 청소년 소설 분야에서 최고로 손꼽히며 그녀의 작품은 영국에서만 2천만 부 이상 팔렸고 영국의 대형 서점에는 '재클린 코너'가 따로 있다고 한다. 영국의 여자아이들이 일찍부터 그녀의 책을 만날 수 있는 이유는 다양한 레벨의 책이 있기 때문이다. 2~5권의 짧은 시리즈도 있지만 단행본이 많다. 국내에서는 초등 저학년용, 고학년용, 청소년용 등으로 나뉘어 8~10권씩 판매되고 있다.

작품 평에 등장하는 말만으로도 미루어 짐작할 수 있듯이 그녀의 책 내용에 한 가지 특이한 점이 있다. 등장하는 주인공이 모두 평범하지 않다는 것이다. 하나 이상의 문제점을 가지고 있는 아이들이지만 슬프거나 불행한 이야기가 아니다. 그런 상황임에도 고난을 극복하고 밝게 살아가는 아이들의 모습을 그렸다. 수상 경력은 손으로 꼽기 힘들 정도고 2005년 영국 계관 아동문학가로 선정되었으며 2007년에 남자의 기사 DBE^{Dame Commander of the British Empire}작위인 '경'에 해당하는 작위를 수여받았다. 반디가 사내아이여서인지 눈에는 자주 띄는데 깊이 들여다보지 못한 작가였다. 챕터북 시리즈 단계에서 벗어나 본격적으로 작가별 단행본으로 옮겨가는 시기의 여자아이들이라면 관심 가져볼 만한 작가다. 국내에서도 다수의 책을 번역본으로 만날 수 있다. 그의 대표적인 작품들을 연령별로 분류하여 소개한다

● 5~7세 아이들 을 위한 책

The Dinosaur's Packed Lunch
공룡 도시락

80쪽 | BL 3.2

The Monster Story–Teller
꼬마 괴물과 나탈리

64쪽 | BL 3.0

My Brother Bernadette
내 동생 버나드

48쪽 | BL 3.5

● 7~9세 아이들 을 위한 책

Lizzie Zipmouth
리지 입은 지퍼 입

80쪽 | BL 3.5

The Cat Mummy
미라가 된 고양이

96쪽 | BL 4.1

The Mum–Minder
엄마 돌보기

96쪽 | BL 4.6

The Worry Website
고민의 방

128쪽 | BL 4.4

Sleep–Overs
잠옷 파티

112쪽 | BL 4.2

Buried Alive!

160쪽 | BL 4.2

Cliffhanger

96쪽 | BL 4,6

Glubbslyme

176쪽 | BL 4,6

Mark Spark in the Dark

96쪽 | BL 3,8

● 9~11세 아이들 을 위한 책

Double Act
쌍둥이 루비와 가닛

192쪽 | BL 4,1

Vicky Angel
천사가 된 비키

160쪽 | BL 4,0

The Lottie Project
로티, 나의 비밀 친구

208쪽 | BL 4,8

The Story of Tracy Beaker
난 작가가 될 거야!

160쪽 | BL 4,4

The Suitcase Kid
일주일은 엄마네, 일주일은 아빠네

160쪽 | BL 4,9

Dustbin Baby
내 이름은 에이프릴

160쪽 | BL 4,4

Lola Rose
행복한 롤라 로즈

288쪽 | BL 4,5

Best Friends

224쪽 | BL 4,5

The Bed and Breakfast Star

208쪽 | BL 4,9

재클린 윌슨 홈페이지
www.jacquelinewilson.co.uk

셸 실버스타인 책 소개

내가 어렸을 때는 책이 지금처럼 흔하지 않았다. 그럼에도 이렇게 저렇게 구해서 읽고 좋은 기억으로 남아 있는 책을 수십 년이 지나 내 아이가 읽을 때의 기분은 참 묘하다. 그런 느낌을 주었던 대표적인 책 『아낌없이 주는 나무The Giving Tree』와 『어디로 갔을까, 나의 한쪽은The Missing Piece』. 이 두 권이 같은 작가의 작품이라는 것도 아이가 읽을 때 알았다. 책 내용을 암기할 정도로 좋아했으면서도 작가에게는 관심이 없었다. 나도 그때는 아이였으니까.

셸 실버스타인Shel Silverstein은 아동 작가일뿐만 아니라 시인, 음악가, 만화가, 극작가 등 다양한 분야에서 다재다능한 능력을 보여주는 작가다. 앞서 이야기한 두 편의 책은 우리나라 번역서 소개에서 우화집, 시집 등으로 소개되는데 하나의 이야기가 이어지기보다 짧은 여러 편을 담고 있는 책이 많으며 말 놀이식의 전개가 난해하기도 했다. 관심 있는 책을 번역서로 검색해보고 결정하는 것이 도움이 될 듯하다. 아래 목록에서 우리나라에 번역된 책은 번역서 제목을 함께 표시해놓았으니 참고하길 바란다.

A Giraffe and a Half

1964년 | 64쪽

A Light in the Attic

2009년 | 192쪽

Every thing on it

2011년 | 208쪽

Falling Up

2001년 | 184쪽

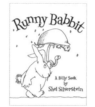

Runny Babbit

2007년 | 89쪽

The giving tree
아낌없이 주는 나무

1964년 | 64쪽

셀 실버스타인 홈페이지
www.shelsilverstein.com
: 책 내용 일부를 애니메이션으로 볼 수 있으며, 책과 관련한 다양한 게임을 다운로드 받을 수 있다.

주디 블룸 책 소개

주디 블룸^{Judy Blume}은 화려한 수상 경력을 가진 미국의 동화작가로 호주, 영국, 독일 등에서 아이들이 선정하는 최우수 작가상을 받기도 했다. 그녀의 작품은 사춘기 소년, 소녀가 성장기에 겪을 수 있는 고민, 심리, 갈등 등이 잘 표현되어 있다. 아이들이 가진 고민이나 비밀을 있는 그대로 묘사하며 어른들의 모순된 행동 또한 숨기지 않고 담아내는 작가로 유명하다. 주디 블룸 홈페이지에 방문해보면 Picture and Storybooks부터 The Fudge Books 시리즈, The Pain and the Great One 시리즈를 확인할 수 있다. 뿐만 아니라 다양한 연령을 위한 책도 만날 수 있다. 이번에는 대표적인 두 편의 시리즈에 대해 소개하려고 한다.

● **Fudge Books** 시리즈

Double Fudge
퍼지는 돈이 좋아!

2010년 | 213쪽

Tales of a four grade nothing

2007년 | 120쪽

Otherwise known as Sheila the great

2007년 | 176쪽

Superfudge

2007년 | 208쪽

Fudge-a-Mania

2007년 | 146쪽

● The pain and the great one 시리즈

Soupy Saturdays with
the pain & the great
one

2009년 | 128쪽

Going, Going, Gone!
With the pain & the
great one

2010년 | 128쪽

Cool zone With the
pain & the great one

2009년 | 128쪽

주디 블룸 홈페이지
www.judyblume.com

엘윈 브룩스 화이트 책 소개

엘윈 브룩스 화이트Elwyn Brooks White. 우리에게는 E.B. 화이트라는 이름으로 유명한 미국 작가다. 잡지사 편집인으로 활동하다 40세 무렵 시골로 이주해서 수십 마리의 동물을 키우며 농장 생활을 했다. 그 시절의 경험으로 나온 듯한, 동물을 주인공으로 쓴 세 권의 어린이 책은 수십 년 동안 사랑을 받았고 영화로도 개봉되어 더 친근하다.

〈뉴욕 타임즈〉로부터 "문학작품으로서 완벽하고 기적적이다"라는 극찬을 받은『샬롯의 거미줄Charlotte's Web』은 1953년 뉴베리의 아너Honor상을 수상했는데 그해 최고의 뉴베리 영예, 위너상을 받은『안데스의 비밀Secret of the Andes』이 크게 주목받지 못한 것에 비해 60년이 지난 지금도 큰 사랑을 받고 있다. 책 소개와 추가 자료 확보가 가능한 사이트를 소개한다.

Charlotte's Web
샬롯의 거미줄

2001년 | 184쪽

Stuart Little
스튜어트 리틀

2001년 | 131쪽

The Trumpet of Swan

2000년 | 251쪽

ABC 티치 홈페이지(좌)와 『The Trumpet of Swan』 워크시트(우)

〈The trumpet of Swan〉 워크 시트 제공하는 곳
https://c11.kr/b48m
: 'abc teach' 홈페이지에서 다양한 액티비티를 다운로드 받을 수 있다.

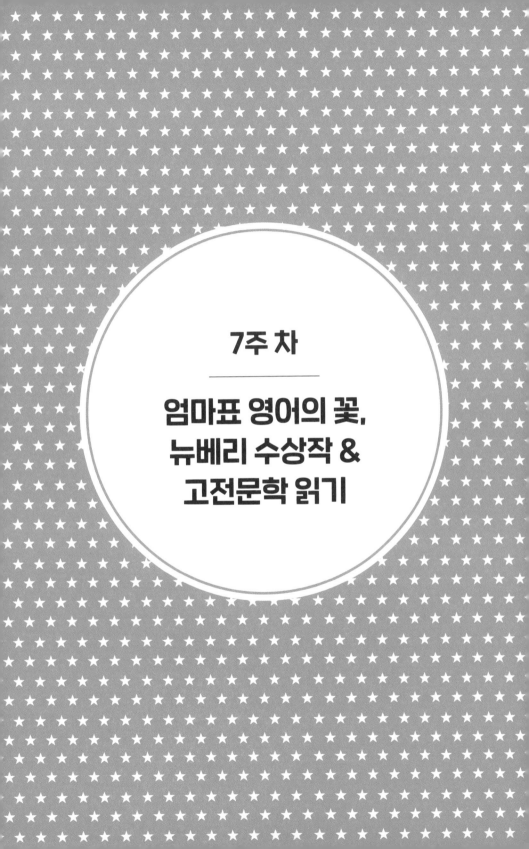

7주 차

엄마표 영어의 꽃,
뉴베리 수상작 &
고전문학 읽기

1단계 :
뉴베리 수상작
읽기

드디어 기다리고 기다리던 뉴베리 수상작품을 만날 시간이다. 아동 도서계의 노벨상이라고도 불리는 뉴베리상은 그림책 분야의 칼데콧상과 함께 아동문학상의 최고봉으로 불린다. 칼데콧은 그림을 그리는 일러스트레이터에게, 뉴베리는 글쓴이에게 상을 준다는 차이가 있다. 뉴베리상은 1922년부터 해마다 미국 어린이 문학에 지대한 공헌을 한 작품을 선정하여 수여되는 상이다. 거의 100년 가까이 되었으니 예전 수상작들은 고전이 된 듯하다. 해마다 한 권의 위너상을 뽑고 위너상을 놓고 경합을 벌였던 작품들에게 아너상을 수상한다. 선정의 주요 요건은 문학성이다. 문학성이라는 단어에서 만만한 책은 아닐 것이란 느낌이 전해진다.

반디가 뉴베리 수장작을 십여 권 읽었을 때 했던 말이 기억난다.

"왜 뉴베리 수장 작품의 주인공들은 모두 고난과 역경일까? 완벽한 가족을 가지고 있는 경우는 거의 없어. SF도 대부분 과학이 발전하는 것을 안 좋게 사용하는 경우가 많아."

어떤 책은 다 읽고 난 뒤에도 정확히 무엇을 이야기하는지 잘 모르겠다는 말도 했다. 책의 주제나 문장이 가볍지가 않으니 글씨만 읽어서 될 책은 아니었다. 인권, 종교, 사회역사적 배경을 가지고 있는 책이 많아 초등 고학년 이상을 추천 연령으로 하는 책이 많다.

그렇기에 뉴베리 작품 중 아이에게 추천할 도서 목록 만드는 데 고민이 많았다. 먼저 뉴베리 작품을 시도했던 선배들의 경험담을 찾고 찾아 검증이 되었다 생각하는 책 중에서 아이의 독서 취향을 고려해 관심을 가질 만한 것을 선택했다. 반디는 엄마가 심혈을 기울여 조사하고 권하는 책 목록을 들여다보고 읽고 싶은 책을 골랐다. 가능하면 오디오와 함께, 오디오 확보가 불가능한 경우 혼자서 묵독으로 정독하며 꾸준히 읽어나갔다.

나와 반디는 지금까지의 집중듣기 중 뉴베리를 가장 심혈을 기울여 선택했고 읽었다. 원서 읽기의 최종 목표가 고전 읽기였기 때문이다. 수십 년, 길게는 수백 년 동안 사랑받아온 가치 있는 책들이다. 연령대나 시대에 맞춰 축약되거나 다시 쓰여진 책이 아닌 본래의 이야기를 접하기 바랐다.

책을 통해 영어 습득을 완성했지만 반디는 기대하는 것만큼 책을 많이 읽지는 않았다. 그럼에도 불구하고 이 길에서 끝을 볼 수 있었던 것은 제 나이에 맞는 책으로 업그레이드 시기를 놓치지 않았고, 좋은 문장을 담은 책을 골라 매일매일 꾸준히 읽었기 때문이다. 주제가 분명하고 좋은 단어를 사용하고 아름다운 문장으로 문학적 표현을 담은 뉴베리 수상 작품에 욕심을 냈던 이유도 이 때문이었다. 고전으로 넘어가기 위한 훌륭한 가교 역할을 해줄 것이라 믿었다. 원서 읽기가 편안해지는 이 시기 아이들이 재미있게 볼 수 있는 책은 판타지다. 나는 아이에게 판타지를 소개하거나 추천하지 않았다. 적은 양의 책을 읽으며 한계가 분명한 시간을 투자해야 하는데 가벼운 문장으로 채워서는 안 된다고 생각했다. 다행히 쌓아온 시간이 허술하지 않았는지 무겁게 느껴지는 주제와 문장이 담긴 뉴베리도 무리 없이 몰입했다. 5학년 말부터 6학년 이후까지였다.

반디는 특별히 영문법을 학습하지 않았다. 6학년 아웃풋 시기에 글쓰기 과제의 수정 첨삭을 받으면서, 그때그때 중요한 문법을 주의 수준으로 지도받는 정도였다. 이후 원서로 된 문법 학습서를 활용해서 기본적인 문법 내용을 정리하는 기회를 가졌던 것이 문법 학습의 전부였다. 홈스쿨을 하는 동안 평가원 모의고사나 수능 영어 문제를 풀어보았는데 품사를 정확히 구분하지는 못했지만 문법 관련 문제를 틀리지는 않았다. 현지에서 대학 공부를 하며 제출해야 하는 에세이, 리포트, 프레젠테이션 등에서 문법 오류를 지적 받는 일도 극히 드물었다. 좋은 문장을 담은 책을 꾸준히 읽으면서 정확한 문장구조에 익숙해진 덕분에 아닐까? 아이는 문득 자연스럽지 않다고 느껴지는 것이 곧 문법 오류가 있는 문장임을 알 수 있었다.

뉴베리 수상작 소개 (2009년~2017년)

　『엄마표 영어 이제 시작합니다』에는 1922년부터 2008년까지의 작품들 중 번역본으로 나와 있고 경험자들도 많이 추천하는 최고의 작품을 소개했다. 책은 연도순이 아니라 레벨순으로 수록했다. 그래야 레벨에 맞추어 진행할 때 참고하기 좋을 것 같았다. 우리가 전력 질주할 당시도 그렇지만 지금도 새로운 수상작이 시대에 맞는 재미와 감동을 품고 등장한다.

　이 책에는 2009년부터 2017년까지의 뉴베리 수상 작품들을 모아 소개한다. 리딩 레벨도 함께 표시했으니, 참고하길 바란다.

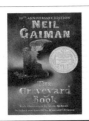

The Graveyard Book
그레이브야드 북

Neil Gaiman 지음 | 2009년 | BL 5.1

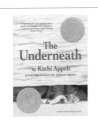

The Underneath
마루 밑

Kathi Appelt 지음 | 2009년 | BL 5.2

Savvy
밉스 가족의 특별한 비밀

Ingrid Law 지음 | 2009년 | BL 6.0

When You Reach Me
어느 날 미란다에게 생긴 일

Rebecca Stead 지음 | 2010년 | BL
4.5

Claudette Colvin :
Twice Toward Justice
열다섯 살의 용기

Phillip Hoose 지음 | 2010년 | BL 6.8

The Mostly True
Adventures of Homer P. Figg
거짓말 쟁이 호머 피그의 진짜 남
북전쟁 모험

Rodman Philbrick 지음 | 2010년
| BL 5.6

Moon over Manifest
매니페스트의 푸른 달빛

Clare Vanderpool 지음 | 2011년 |
BL 5.3

Turtle in Paradise
우리 모두 해피 엔딩

Jennifer L. Holm 지음 | 2011년 |
BL 3.7

Dead End in Norvelt
노벨트에서 평범한 건 없어

Jack Gantos 지음 | 2011년 | BL
5.7

Inside Out & Back
Again
사이공에서 앨라배마까지

Thanhha Lai 지음 | 2011년 | BL 4.8

Breaking Stalin's Nose
세상에서 가장 완벽한 교실

Eugene Yelchin 지음 | 2012년 |
BL 4.6

The One and Only Ivan
세상에 단 하나뿐인 아이반

Katherine Applegate 지음 | 2013
년 | BL 3.6

Bomb
원자폭탄 : 세상에서 가장 위험한
비밀 프로젝트

Steve Sheinkin 지음 | 2013년 | BL
6.9

Three Times Lucky
소녀 탐정 럭키 모

Sheila Turnage 지음 | 2013년 | BL
3.9

Flora & Ulysses
초능력 다람쥐 율리시스

Kate DiCamillo 지음 | 2014년 | BL 4.3

Doll Bones
인형의 비밀

Holly Black 지음 | 2014년 | BL 5.4

The Year of Billy Miller
빌리 밀러

Kevin Henkes 지음 | 2014년 | BL 4.2

One Came Home

Amy Timberlake 지음 | 2014년 | BL
4.8

Paperboy
나는 말하기 좋아하는 말더듬이 입
니다

Vince Vawter 지음 | 2014년 | BL 5.1

The Crossover

Kwame Alexander 지음 | 2015년 |
BL 4.3

Brown Girl Dreaming

Jacqueline Woodson 지음 | 2015년 |
BL 5.3

El Deafo
엘 데포

Cece Bell 지음 | 2015년 | BL 2.7

Last Stop on Market Street
행복을 나르는 버스

Matt de la Peña 지음 | 2016년 | BL 3.3

Roller Girl
롤러 걸

Victoria Jamieson 지음 | 2016년 | BL 3.2

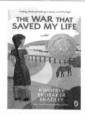

The War that Saved My Life

Kimberly Brubaker Bradley 지음 | 2016년 | BL 4.1

Echo

Muñoz Ryan 지음 | 2016년 | BL 4.9

The Girl Who Drank the Moon
달빛 마신 소녀

Kelly Barnhill 지음 | 2017년 | BL 4.8

Freedom Over Me:

Ashley Bryan 지음 | 2017년 | BL 4.6

The Inquisitor's Tale
이야기 수집가와 비밀의 아이들

Adam Gidwitz 지음 | 2017년 | BL 4.5

Wolf Hollow

Lauren Wolk 지음 | 2017년 | BL 4.9

캐서린 패터슨의 뉴베리 수상작 소개

캐서린 패터슨Katherine Paterson은 중국에서 선교사의 딸로 태어나 유년시절을 그곳에서 보냈다. 중국과 미국에서 교육을 받고 일본에서 선교사로 4년간 생활했다. 미국으로 돌아와 네 아이의 어머니가 되고 나서 본격적으로 글을 쓰기 시작했다.

1978년 『비밀의 숲 테라비시아Bridge to Terabithia』, 1981년 『내가 사랑한 야곱Jacob Have I Loved』으로 두 차례 뉴베리 메달을 받았으며 1979년에는 『위풍당당 질리 홉킨스The Great Gilly Hopkins』로 한 번 더 뉴베리 명예상을 받았다. 이 외에도 다수의 수상 경력이 있는데 특히 1998년 안데르센상을 비롯하여 2006년 린드그렌문학상까지 거머쥐며 세계적인 동화작가로서 명성을 확인했다. 그녀의 말처럼, 모든 작품들이 전 세계 여러 나라에서 널리 사랑받고 있다.

"내 마음에서 나온 이야기가 언어, 나이, 국적, 인종 등…. 우리 인간들이 만들어낸 모든 장벽을 넘어 다른 사람의 마음에 가서 닿는 길을 발견했다는 것은 기적이다."

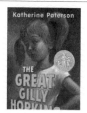

Bridge to Terabithia
비밀의 숲 테라비시아

2006년 | 176쪽

Jacob Have I Loved
내가 사랑한 야곱

1990년 | 256쪽

The Great Gilly Hopkins
위풍당당 질리 홉킨스

2016년 | 240쪽

캐서린 패터슨 홈페이지
katherinepaterson.com

크리스토퍼 폴 커티스의 뉴베리 수상작 소개

미국 미시건 주에서 태어난 노동자 출신 흑인 작가 크리스토퍼 폴 커티스Christopher Paul Curtis는 평생에 한 번도 힘들다는 뉴베리상을 세 번이나 받았다. 그는 자신의 가족 이야기를 바탕으로(두 작품의 배경은 작가의 고향 미시간 주 플린트) 인종차별 속에서도 사랑과 희망을 잃지 않는 주인공들의 모습을 통해 미국 역사의 중요한 시기를 그리고 있다.

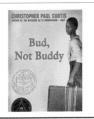

Bud, Not Buddy

2016년 | 245쪽

Elijah of Buxton

2007년 | 341쪽

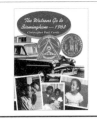

The Watsons Go to
Birmingham-1963

2000년 | 224쪽

크리스토퍼 폴 커티스 홈페이지
nobodybutcurtis.com

2단계 :
원서 읽기의 끝,
고전문학

고전은 어떤 책을 말하는 것일까? 고전이란 훌륭한 문장으로 쓰여진, 시대를 초월해서 읽히면서 100년 이상 살아남아 제목만으로도 고개를 끄덕일 수 있는 책이라 이해하면 될 듯하다. 대부분의 고전은 역사와 전통이 있는 책이기에, 그 두께나 문학적 문장에 쉽게 손이 가지 않는다. 우리는 그런 고전에 잘못 접근했기 때문에 책 제목은 익숙하지만 그 속에 담겨 있는 진짜 이야기를 모르는 경우가 많다. 고전에 대한 오해다. 아는 것 같은데 모르는 책이 많다. 아동용으로 쉽게 풀어 쓰거나 심한 축약본으로 접했기 때문이다. 이렇게 변형되어버리면 작가가 의도했던 내용을 대충이라도 훑기에도 부족하다. 『톰 소여의 모험』『80일간의 세계 일주』『걸리버 여행기』『로빈슨 크루소』『레 미제라블』『올리버 트위스트』『오만과 편견』『이성과 감성』『폭풍의 언덕』등등 이 책들이 담고 있는 본래의 내용은 세계명작동화 수준이 아니다.

원서도 번역본도 심하게 축약되고 변형된 책을 가볍게 읽고 나면 제목은 익숙하지만 그 속에 담겨 있는 진짜 이야기를 알지 못했구나 깨닫게 된다. 특히 사교육 시장에서는 아이의 사고나 정서에 맞지 않는 내용들을 심하게 축약해놓은 얇은 책으로 고전을 생각 없이 시도하는 경우가 많다. 초등학교 4학년 아이의 영어 학원 가방에서 30~40페이지 분량의 얇은 페이퍼북 수준의 『오만과 편견』『이성과 감성』『폭풍의 언덕』 등을 보고 놀랐던 기억이 있다. 고전으로 분류되는 책들은 줄거리를 따라가자고 읽는 책이 절대 아니다. 그렇게 만난 책을 나중에 제대로 다시 만날 것이라 기대할 수 있을까?

반디는 분명 그런 기대를 할 수 없는 아이였다. 아이의 고전문학 접근에 대해 고민하게 되었다. 좀 늦더라도 이해력과 사고력이 어느 정도 성숙했을 때 변형되거나 축약되지 않은 본래의 고전을 만나기를, 그것이 가능하면 원서이기를 바랐다. 결국 엄마표 영어 8년 차에 시도할 수 있었다. 15세 무렵에 고전 읽기를 시작했는데 그 시기 아이에게 맞는 고전은 그리 많지 않았다. 살면서 두고두고 읽어야 하는 책들이다. 그런 책들을 줄거리 훑어보기 수준도 안 되는 변형된 버전으로 어학원이나 학원에서 사용하고 있으니 책조차 잘못 접근하게 만드는 영어 사교육이다.

우리는 1년 차에 활용했던 동화 사이트를 고학년이 되어서 방학을 이용해 짧게 단기 활용했는데 전에 보지 못했던 상위 레벨 위주로 보았다. 그런 과정에서 내용을 알게 되거나 영화, 뮤지컬 등 페이퍼북 이외의 방법으로 잘 알려진 고전을 만나게 되는 경우가 있었다. 그런 경우 책에 대한 흥미가 떨어지는지 반디는 다시 책으로 보고 싶어하지 않았다. 그래서 우리는 넘기고 말았지만 놓치지 말고 비축약된 원래의 내용으로 읽었으면 싶어서 블로그에 추가로 포스팅했다. 리딩 레벨을 보면 알 수 있지만, 초등학교 시절 세계 명작 동화책으로 줄거리를 훑어본 것만으로 읽었다고 말하기에는 너무 아까운 진정한 '고전'이다.

고전문학 책 소개

　반디가 청소년기에 읽기 무난했던 고전들을 정리했다. 덧붙여, 아직까지도 읽지 못한 작품들도 함께 옮긴다. 모두 고전 중의 고전이라 할 수 있다. 꼭 지금이 아니어도 훗날 성인이 되어서도 꼭 읽기를 바라는 작품들이다. 평생 이 많은 고전 중 몇 작품이나 만날 수 있을까? 그리고 어떤 작품이 우리 아이들에게 인생의 책이 되어줄까? 아직, 기대도 미련도 버리지 못하는 엄마 마음이다.

The Comedy of Errors
실수연발

William Shakespeare 지음 | BL 9.0

The Last of the Mohicans
모히칸족의 최후

James Fenimore Cooper 지음 | BL 12.0

King Lear
리어왕

William Shakespeare 지음 | BL 8.8

Dracula
드라큘라

Bram Stoker 지음 | BL 6.6

Don Quixote
돈키호테

Miguel de Cervantes Saavedra 지음 | BL 13.2

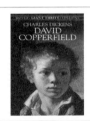

David Copperfield
데이비드 코퍼필드

Charles Dickens 지음 | BL 9.5

Black Like Me
블랙 라이크 미

John Howard Griffin 지음 | BL 7.0

War of the Worlds
우주전쟁

Herbert GeorgeWells 지음 | BL 9.1

Journey to the Center of the Earth
지구 속 여행

Jules Verne 지음 | BL 9.1

A Raisin in the Sun
태양 속의 건포도

Lorraine Hansberry 지음 | BL 5.5

A Day No Pigs Would Die
돼지가 한 마리도 죽지 않던 날

Robert Newton Peck 지음 | BL 4.4

A Separate Peace
분리된 평화

John Knowles 지음 | BL 6.9

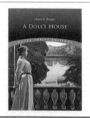

A doll's house
인형의 집

Henrik Ibsen 지음 | BL 5.9

A Farewell to Arms
무기여 잘 있거라

Ernest Hemingway 지음 | BL 6.0

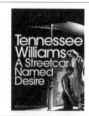

A streetcar Named Desire
욕망이라는 이름의 전차

Tennessee Williams 지음 | BL 5.7

And Then There Were None
그리고 아무도 없었다

Agatha Christie 지음 | BL 5.6

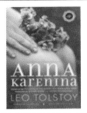

Anna Karenina
안나 카레니나

Leo Tolstoy 지음 | BL 9.6

Crime and Punishment
죄와 벌

Fyodor Dostoyevsky | BL 8.7

Death of a Salesman
세일즈맨의 죽음

Arthur Miller | BL 6.2

Dubliners
더블린 사람들

James Joyce | BL 8.2

East of Eden
에덴의 동쪽

John Steinbeck 지음 | BL 5.3

엄마표 영어로
아이의 가능성을 깨우자

아이와 가볍게 놀이하듯 거부감 없고 재미있게 하고 싶었던 엄마표 영어. 그래도 되는 줄 알았는데 알면 알수록 쉽지 않은 길임을 깨닫게 되었다는 말을 종종 듣는다. 글을 읽고 있는 분들도 비슷한 생각을 할 것이다.

"제대로 엄마표 영어, 나는 안 되겠다."

수십 가지 실패의 핑계가 떠오를지도 모른다. 그래서 이 길을 '사서 고생하는 길'이라고들 한다.

'영어에서 완벽하게 자유로워져서 언어의 한계에 갇히지 않고 지식 탐구에 무한 자유를 느낄 수 있도록 평생 동반자로 함께하는 도구로 만들자!'

이 야무진 꿈을 이루기 위해서는 함께하는 엄마도 아이도 '제대로'

빠져야 한다. 그리고 엄마표 영어를 제대로 공부해보자. 깊이 들여다볼수록, 포기할 수 없는 길이라는 확신이 든다.

결국 각자의 선택이다. 소수는 언어의 한계 안에서도 행복할 수 있다고 믿고 나중에 영어로 먹고 사는 일을 하지 않으면 그만이라 생각할 수 있다. 분명 틀린 말이 아니다. 그런데 지금 변화하는 우리 사회의 모습을 들여다보면 우리 아이들은 점점 좁아지다 못해 아예 오지 않을 절박한 기회와 싸워야 할지 모른다. 그런 시대를 살아내야 하는 아이가 대한민국을 넘어 세계를 무대로 맞설 수 있는 든든한 무기를 갈고 닦는 방법이 바로 '제대로 엄마표 영어'의 길이다. 전력 질주 초등 6년이면 해방의 실마리라도 찾을 수 있다.

그런데 이 선택 또한 엄마가 하는 것이 아니고 아이가 하는 것이 중요하다. 엄마 혼자 속앓이하고 짝사랑해봤자 답이 보이지 않는다. 이런 이야기를 아이들과 깊이 나눠보자. '반전의 희열'을 느낄 수도 있다. 아이들 마음에 깊이 있어 잘 보이지 않았던 불씨에 제대로 불을 붙일 수 있다.

많은 분들이 이 길에 확신을 가졌으면 한다. 그 확신으로 우리 아이들이 바른 길에서 제대로 노력했으면 하는 바람이다. 그 노력의 끝에 엄마도 보람을 얻고 우리 아이들이 영어에서 자유로워질 수 있기를 기대한다.

학원보다 더 빠르게 영어 말문이 터지는 초단기속성 명강의

엄마표 영어, 7주 안에 완성합니다

1판 1쇄 발행 2019년 12월 23일
1판 2쇄 발행 2020년 3월 11일

지은이 누리보듬(한진희)
펴낸이 고병욱

기획편집실장 김성수 **기획편집** 이새봄 이미현 한지희
마케팅 이일권 송만석 현나래 김재욱 김은지 이애주 오정민
디자인 공희 진미나 백은주 **외서기획** 이슬
제작 김기창 **관리** 주동은 조재언 **총무** 문준기 노재경 송민진

펴낸곳 청림출판(주)
등록 제1989 – 000026호

본사 06048 서울시 강남구 도산대로 38길 11 청림출판(주) (논현동 63)
제2사옥 10881 경기도 파주시 회동길 173 청림아트스페이스 (문발동 518 – 6)
전화 02 – 546 – 4341 **팩스** 02 – 546 – 8053
홈페이지 www.chungrim.com **이메일** life@chungrim.com
블로그 blog.naver.com/chungrimlife **페이스북** www.facebook.com/chungrimlife

교정 · 교열 김민영

ⓒ 누리보듬(한진희), 2019

ISBN 979-11-88700-57-8 (13590)